有钱花

李筱懿 著

江苏凤凰文艺出版社
JIANGSU PHOENIX LITERATURE AND
ART PUBLISHING

果麦文化 出品

自序：金钱最大的作用，是选择权

亲爱的朋友，谢谢你打开这本书。

我是作家李筱懿，《有钱花》是我的第 9 本书。

在这篇自序中，请允许我向你介绍三件事：

1. 这本书写了什么？

2. 读完这本书，你也许会收获什么？

3. 怎样的经历，让我有可能写出"关于金钱"的独特观点？

谢谢你的信任，我们开始。

1. 这本书写了什么？

全书有 5 个章节，分别是《谈钱有底气》《赚钱很踏实》《管钱高效率》《花钱有智慧》和《不再为钱烦恼》。

《谈钱有底气》聚焦于缺钱的现实困境，比如：收入低怎么理财？怎样避开贫穷陷阱？个人努力和经济收益之间，是绝对关联的吗？

《赚钱很踏实》陪伴你探索独属于自己的"挣钱节奏"，怎样挣到小财富？遇到比较大的财富机会，怎样稳妥把握？

《管钱高效率》把我 46 年中做错和做对的财务决定分享给你，一起避开雷区，找到适合自己的财务思维。不同性格、职业、阅历的人，拥有不同的财富周期，怎样找到自己的财富周期，活出更为宽阔的人生？

《花钱有智慧》侧重于建立金钱的概念，比如：钱花在哪里更有幸福感？最好用的攒钱方法是什么？消费真的能让人快乐吗？

《不再为钱烦恼》则回复了读者们关于金钱的具体问题，包括怎样处理与父母亲友的经济来往，以及生活、婚姻、职场中的财务关系。

从头到尾，这本书里没有任何"金钱至上主义"，没有任何"快速发财的窍门"，因为我不信这些，但我确信："财务健康"比所谓"发财"更重要。

我的初衷是：写一本缓解财务焦虑的真诚书籍。

2. 读完这本书，你也许会收获什么？

2001 年，我大学毕业，专业是汉语言文学，一个既不热门也不冷门的学科。此后 24 年的职场生涯，我从事过总经理秘书、财经新闻记者、广告中心主任、作家、自媒体人等职业；就职过时髦的广告传媒公司、稳定的事业单位，也经历过行业下滑带来的被动失业，被迫成为朝不保夕的创业者。"记者 + 作家 + 创业者"三重职业身份，让我有机会见到形形色色的人群，从世界上最富有的金融家，到收入普通的家政大姐；从 20 多岁就实现财务自由的互联网精英，到 60 岁破产再崛起的企业家；从省吃俭用的富一代，到不想继承家产的富二代，再到必须靠自己双手打拼的寻常家庭子女……我有时也会在心底惊奇：呀，原来自己观察过多种多样的境遇和选择，经历过各种体制的工作和起落。

同样，今年 46 岁的我经历过人生的各种阶段：

从学生时代，到职场生涯；

从单身，到婚姻，再到走出婚姻；

从少女，到妈妈；

从独生女，到为父母养老的中年人；

从文艺女青年，到情绪稳定的中年人……

从女孩到女人，每个阶段会遇到什么事，要花多少钱，能怎么挣钱，解决问题的思路是什么？我心里大致有了谱。

所以，《有钱花》也是一本蛮适合妈妈送给女儿的理财观念书。

我将尽最大可能，为本已渊博的你带来：

（1）深入浅出的经济学常识，这是财经记者身份带给我的便利。

（2）女性在不同年龄的财务规划，这是生活阅历带给我的累积。

（3）鲜活的理财故事和启发，这是自媒体带给我的视角。

（4）对经济周期更深入的理解，形成独属于自己的财务思维，这是创业者历程带给我的升维思考。

3. 怎样的经历，让我有可能写出"关于金钱"的独特观点？

首先，我是个普通女人。

我没有含着金钥匙出生，没有名校背景，我和千千万万"70后"女性一样，经历着从"乖乖女"到"发现自我"的蜕变；经历着辛苦的学习、求职、生育、恋爱、婚姻过程，每天必须面对柴米油盐的真实生活。

我既经历着现实的金钱压力，内心也保持对诗和远方的向往。

这份普通人的财务经历，对普通人或许更有现实参考价值。

其次，我赶上了时代机遇，实现财富从"量变"到"质变"。

如果从个人财务积累的角度划分人生阶段，那么 35 岁是我的分水岭，那是 2013 年，我一边失业，一边创业。

2013 年，我供职的报纸媒体下滑严重，我的女儿不到 3 岁，事业和家庭的双重困扰和繁重付出让我苦闷极了，于是我在网络发表文章，意外被编辑发现，由此出版了第一本书《灵魂有香气的女子》——这本书，让我转型为职业作家、自媒体人。

此后 10 年，我觉得中国媒介经历了两次巨变：第一次，从传统媒体到自媒体的多元化发展；第二次，从文字阅读转变为短视频观看。我也从这两次巨变中获得机会，收入"加速"了。

收入增加，是因为我有才华吗？是因为我勤奋吗？

当然不是。

个人努力仅仅是一小部分，时代创造的机会，才是最大的原因。

因此，在《有钱花》这本书里，我尽己所能描绘时代机遇下，不同年龄、职业、阶层的财富观点、经验和困惑。

最后，我从两次财务重创中，获得新生。

没有挫折，很难有阅历。

第一次财务重创，发生在 2013 年。传统媒体严重下滑，我在失业的焦虑中寻找新机会，把大量资金投入朋友开办的项目——其实是一个我根本不了解的行业。结果项目失败，朋友和我都损失惨重，房产抵押还款，如果没有出版《灵魂有香气的女子》带来的职业新机会，我无法走出这次困局。

这次教训，让我永远不去涉足自己不了解的领域。

第二次财务重创，发生在 2020 年到 2023 年。

成立自媒体公司后，我起初获得了比较亮眼的成绩：

2014 年，天使轮融资，估值 3000 万；

2015 年，第二轮融资，估值 1.5 亿；

2016 年，第三轮融资，估值 3 亿。

其中最大的鼓励不来自资本市场，而是把写作的兴趣变成职业之后的快乐。我们这支创业团队中，90% 的成员是女性，我们希望通过对文化和生活的解读，服务好读者和用户，也让公司良性发展。

可是，2020 年来了。

文化生活行业遭遇极大的打击，书店很久无法正常营业。我眼睁睁看着公司的增长曲线变成断崖下滑，团队每位成员都有家庭和孩子，到哪里找出新的增长点？怎样度过不知有多长的至暗时刻？

焦虑没有用，我决定尝试新赛道。2020 年 5 月，我开始拍摄短视频、做图书直播。

没想到，这带来了新的机会。

2023 年 7 月，公司的投资款到期，既不可能独立上市，也不可能被并购，于是，和投资机构友好协商后，我以账面 95% 的现金回购了股份，看着账上要归零的数字，我内心反而很安静：未来，平和地做一家小而美的女性文化消费企业，也挺好。

这段投融资经历，让我深度了解经济周期，开阔视野，结识了很多投资界的良师益友。

意外的是，倾尽所有还款的举动为我赢得了他人的深度信任，投资人虽然不再担任公司董事，但是介绍了产品资源、行业信息；信守承诺的经营方式带来新的商业客户；专注内容创作也让我们的视频、文字和图书受到读者喜欢。

在经历第二次低谷之后，我再一次看到了漂亮的业绩增长曲线——那是每一位同事真诚、踏实和努力的结果。

我的切身体会：

金钱的初级功能是购买，高级功能是掌控，顶级功能是选择权。

亿万估值，不如真实有价值。

光环再大，不如自己内心有光彩。

虚假繁荣，不如心花自放。

《有钱花》这本书分享：赚钱的本事，攒钱的思路，花钱的方法。

翻开这本书，缓解财务焦虑，活出金钱幸福。

最后，祝你：有钱花、有书读、有人爱。

你的朋友 李筱懿

2024 年 8 月

目录 | contents

第一章

谈钱有底气

大方谈钱，既是尊重自己的价值，

也是树立与他人的边界，

更是对世界探索和取舍的过程。

量化自己的付出，获得认同和财富

埋头做事的同时，也要技巧性地夸自己，客观表达工作难度和成绩，这样才能提升自己的"可见度"。

1. 把成绩说出来，获得认同和财富

曾经有位"90后"女孩，跟我说起她遇到的困境。

她在一家游戏公司担任制作人，前几年主导策划了几个大项目，市场反应不错。她信心满满，觉得升职加薪肯定不成问题。到了年底，晋升名单上却并没有她，反倒是一些平时业绩不如她，但是善于在领导面前包装自己的同事，获得了晋升。她觉得委屈，又不好意思跟领导争取。后来，公司实行降本增效，首先就从她的项目开始，不仅预算被砍了三分之一，领导还给她定了比别人更高的目标，理由是她比其他制作人优秀，理应做表率。她感到很不公平，但又不知怎样突破现阶段的状况。

我和她认识很久，了解她专业能力很强，弱点是不善于表达。记得有一次，她担任我某场直播活动的负责人。临直播前一晚，合作品牌出了点意外，需要撤换掉一部分商品。她的上级不清楚原因，以为是她的团队没提前做好准备，当场数落了她一番，女孩一句话也没有辩解，只是默默地打开电脑解决问题。第二天，她拿出了一个全新的直播方案，撤掉的商品也做了更换，团队其他伙伴跟我说，那是她熬了一个通宵完成的。

　　那场活动很顺利，结束后我向她表示感谢，她只是一笑，丝毫不提自己的辛苦。我问她，明明是品牌方出的问题，怎么不跟老板解释？她摇了摇头说，开不了口，觉得一说就是推卸责任。

　　像她这样的人特别吃亏——事情比别人做得多，责任比别人担得重，但是从来不量化自己的产出，不把自己的价值具象化，导致付出很容易被忽略，花了大力气取得的成绩，也会被别人当作轻而易举完成。无论工作还是生活，学会量化自己的价值、展现自己的付出、表达自己的辛苦，都是合理而且必要的，这帮助我们获得与付出相匹配的收益。

　　一味付出却得不到收益，一个人的成长和财富就很难形成正向循环。

2. 写下来并分享出去，让价值可视化

很多女性抗拒当全职主妇，因为这是一个既辛苦又很难量化价值的角色。

买菜，做饭，洗衣服，带孩子……每一件事情都无法进入自由市场里面的计价环节，付出很难被看见。即便我们用市场上同类型的工作，比如月嫂、家政人员，来对这些工作进行价格上的评估，也不能完整地概括全职主妇对一个家庭的全部价值，这其中还包含了太多情感和心力上的投入。也正因如此，怎样让自己的付出可视化，是尤为重要的一件事。

我身边就有这样一个例子，叫她"张女士"吧。她原本在企业做到了中层职位，婚后生了一对可爱的双胞胎，她和丈夫商量了之后，一致认为孩子从小的家庭教育很重要，而且目前没有亲人能帮忙带孩子，于是她决定辞职在家把两个女儿带到上学，再出来工作。

角色的转换让她有一段时间很难适应，原先在职场上雷厉风行，现在每天要面对一堆鸡毛蒜皮的琐事，原先的可控感和成就感瞬间消失。我问她，怎样找回对自我的认同，并

且让家人认同？她说，关键是要学会重新定义自己的价值，并且让家人也看到这些付出，当周围人给予你充足的认同和支持，自己也会感到有价值。

张女士开始每天睡前写日记，有时记录自己的育儿体会，有时写下孩子的成长，还有些时候描述人生阶段转变之后的感触。在持续的记录下，她重新发现了生活的意义，也让工作忙碌的丈夫，从中看到她的付出。后来，在全家的认可和支持下，她喜欢上了全职主妇的生活状态，在近十年的全职主妇生涯里，夫妻俩相互理解和扶持，很少有矛盾，丈夫也常在公开场合表达对妻子的爱、感谢和佩服。

有些朋友可能觉得，作为母亲，为孩子付出是天经地义的事，没有必要记下来让家人看见，博得认可。但是，正是因为所谓"天经地义"的观念，才导致很多女性的家庭价值被忽略甚至埋没。

把自己的付出可视化，可以减小信息差，让另一半和孩子了解自己的所思、所想和所做的事情，这不是邀功，而是家庭成员间的非常有效的沟通方式——就像在一个项目中随时跟同事保持信息同步一样必要。

张女士的经历让我挺有共鸣，当我们说到表达能力时，会先想到沟通、演讲、谈判的能力，其实"写下来并分享出去"也是一种重要的表达能力。这是我工作的这些年一直在做的事情，也是让我持续受益的习惯。

我通过写书和写公众号，链接到全国各地观念相似的读者朋友们，也链接到志同道合的合作者。这些人过去可能只是我的"弱关系"，大家并不熟悉，但是因为阅读过我的文字，了解了我在做的事情，认同感加深，顺理成章地获得很多机会，促成一些合作。

当我们抱怨机会有限、怀才不遇，或许很重要的原因在于没有积极主动地展现自己，让自己的价值可视化，被更多人看见，因为现实世界的资源和机会并不均衡，"被机会看见"很重要。

3. 从"敢说"到"会说"，提升职场表达力

麻省理工学院计算机科学家温斯顿在自己的书《如何清晰地表达》中提道："表达沟通是人类文明进步最重要的动力。"

大多数职场人对这一点应该有较深的体会，良好的表达

能力有助于我们更直接地展现自己的价值，增强说服力，扩大影响力，从而获得机会。

从某种程度上来说，表达能力就是一种财富。构成表达能力的两个部分，除了"写下来并分享出去"的能力，另一个就是"说"的能力。有些时候，怎么说，说什么，甚至比你实际做了什么还重要。

职场上每个人都有自己的角色，别人无法时刻关注你的行动。两个同样努力的人，一个擅长表达、一个不擅长表达，在旁观者看来他们的价值完全不同，日积月累，发展路径也会截然不同。对于希望提升表达力的职场人，做到这两点已经可以解决大部分问题：

第一，"敢说"。

第二，"说清楚"。

文章开头游戏公司的"90后"女孩，专业能力突出，如果她有意识地训练表达能力，一定收效显著。但问题在于，她从心底认为表达自己的想法不重要，埋头出成绩才最重要，因而也就永远迈不出沟通的第一步。

职场人不仅要具备沟通意识，还要有能把话说清楚的能力。

职场上需要沟通的场景大致可以分为两类：一类是同步信息，比如周会、月会、年度总结会，以及平时的项目进展同步；还有一类是解决问题，比如商务谈判、项目宣讲会、需求对接会，等等。

从频率来看，大部分职场沟通场景都属于"同步信息"的范畴。在这一类场景中，最有效的表达，就是把自己做过的事情记录清楚，把话说清晰。

首先，整理你收到的信息，做出取舍，获得有效信息，然后将有效信息按照重要程度进行排序。

其次，明确地传达你的目的或倾向。信息只是工具，想要朝着"目标"前进就需要考虑：什么时候说、怎么说、有没有更好的表达方式，等等。

如果你觉得考虑不清楚这些问题，或是时间紧迫，那么有一种方式可以在大多数情况下通用，那就是——结论先行。先说你得出的结论，然后再说可以佐证结论的理由和事件，必要的时候补充下一步该怎么做。

说话人人都会，但是精准的表达能力却需要我们用很长的时间去打磨。一个人的表达能力，决定了他能否将自我价值有效地传达给想要传达的人，同时，也会拉开人与人在事业发展和生活满意度上的差距。

先学会勇于表达，再学会善于表达。

让自己的付出，有所收获。

画重点：

有种人特别吃亏——他们事情比别人做得多，责任比别人担得重，但是从来不量化自己的产出，不把自己的价值具象化，导致付出很容易被忽略，花了大力气取得的成绩，也会被别人当作轻而易举完成。

无论工作还是生活，学会量化自己的价值、展现自己的付出、表达自己的辛苦，都是合理而且必要，这帮助我们获得与付出相匹配的收益。

一味付出却得不到收益，一个人的成长和财富就很难形成正向循环。

避开最大的"贫穷陷阱"

经济学上有个概念叫"稀缺",可以理解为:你缺少的东西,会俘获你的大脑,占据你的心智带宽,导致认知带宽变窄。

这里的"带宽",简单来说是指"精力"。

有一类人的"带宽"很容易被琐事占满,再难腾出精力创造收益;另外一类人,则有足够的"带宽"构建核心价值。

1. 琐事做太多,不会为你加分

几年前我们公司招聘,新进员工里,有两个女孩让我印象深刻,她们俩一个叫晓文,一个叫思琦。

晓文性格活泼,善于社交,刚入职一天,就能把相关部门人员的名字记住。半个月不到,她组织起下午茶,每天下午两三点钟,开始挨个儿统计大家要喝什么奶茶、吃什么点心,然后一并预订。一个月之后,周末的聚会也变多了,密室逃脱局、狼人杀局、野餐局,丰富多彩,全是晓文负责组织。

有这样一个处处为大家考虑的人，同事们当然也都乐得轻松，管她叫"组织委员"，也渐渐习惯了有什么困难都去找晓文帮忙。下雨天没带伞，晓文一定能帮你借到；写稿件缺少素材，晓文会立刻放下手头的工作帮你一起找；同事失恋，晓文尽心尽力地安慰；同事结婚，晓文帮着统筹准备。

甚至，一位外地同事回老家，养的小狗没人照料，晓文自告奋勇，把小狗接到了自己家。结果，因为对狗毛过敏，她全身起满疹子，不得不请假在家休息三天，再来上班的时候，脸上的疹子还没完全消退。

我看着揪心，问她："你知道自己对狗毛过敏吗？"

晓文说："知道，但没想到这么严重，可我要是不把狗接过来，狗不就没人管了吗？"

总爱为别人操心的晓文，其实很少为自己操心。进公司半年，业务一直不温不火，有时候由于被别人的事情耽误，自己的工作也会出错。

和晓文相比，思琦刚进公司时显得默默无闻。

她不爱凑热闹，午休时大家聚在一起聊天，她很少参与。同事周末聚会，她也不太去。有一次，我带她一起做项目，她说："咱们的用户是 30 岁以上的'姐姐'群体，这非常精准。不过我感觉到，她们有很多新变化和新观点，我们可以多尝试不同的内容方向，拓宽用户的接受度。"

我很惊喜，因为那段时间，我也刚好在思考创作内容的转型。

"你有什么想法？能不能展开说一说呢？"我问她。

思琦很慎重地说："我现在还没有特别清晰，给我一周时间吧，做完行业调研，再把思路整理给老师看。"

半个月后，思琦发来了一份详尽的行业调研，包括内容市场的现状分析、各大内容平台的优劣势、我们的现状及机会。尽管有不少稚嫩的地方，但她对于用户的整体认知，既具备宏观思维，也有微观实操。很自然的，探索新方向这条业务线，我交给了思琦来主推。

一年之后，思琦的业务能力相较于刚进公司时有了飞跃式进步，甚至反超了不少老员工。

2. 时间陷阱会引发大脑带宽不足

之所以分享这两个女孩的故事，是因为她们分别代表了职场上的两类人——天赋和专业能力刚开始差不多，但是由于一些细微的习惯不同，时间越久，差距越拉越大。

职场上有一类像思琦一样的人，他们注意力集中，目标明确，只要脑子里有想法就一定要做成。相应的，他们不会太关注工作之外的细枝末节，比如：要不要和大家一起点下午茶，周末要不要参加聚会，同事的感情状态，等等。

他们并不是排斥与人交往，而是有意地规避掉一些无效社交，从而掌控自己的时间，把精力投入能够提升个人价值的事情上去。

还有一类像晓文一样的人，他们的关注点容易分散，对周围环境的变化和周围人的状态很敏感，一点儿风吹草动就会触发他们的情绪。

"大家都在点下午茶，我也得加入，不然会不合群。"

"大家都在聊一部新剧，我也得熬夜看看，不然就插不上话了。"

"别人有事，我一定得帮忙，这样才能把同事关系维护好。"

抱持着这样的心态，他们陷入了"凑热闹""随大流""为别人操心"等一个又一个时间陷阱里。虽然看上去只是一些小事，但日积月累，无形中耗费了很多原本可以用来提升个人价值的有效时间。

更重要的是，这些时间陷阱会引发我们大脑的带宽不足，影响工作状态、工作效率，进一步影响到职业发展。

我们从处理日常的事情到思考问题都需要"带宽"，它是我们的计算能力、关注能力、决策能力、执行能力和抵制诱惑能力的统称。

你可以把大脑想象成一条高速路，这条路有一定的宽度，并行的车辆数量是有限的。换句话说，我们在日常生活中同时关注的事情数量是有限的，这就是带宽。

如果事事都关注，就会加重带宽负担，造成拥堵，导致我们没有充足的精力和时间去处理那些真正重要的事情——这也是有时候我们感觉自己每天特别忙，但是一天下来好像什么事情也没做的真正原因。

忙于应对外界的各种刺激，让我们陷入主动或被动的消耗状态，无暇顾及自己本该完成的工作，以及思考更多的可能性，成为"时间上的穷人"。

3. 节约带宽，不做"时间穷人"

在《稀缺》这本书里，作者塞德希尔·穆来纳森对"贫穷"一词给出了全新的定义。

过去我们认为"贫穷"单指财富状态，但作者认为，贫穷不单是指缺钱，它也指缺时间、缺知识、缺技能、缺少良好的人际关系等。

总的来说，对资源感觉到匮乏的状态，都可以叫作"贫穷"。

作者在长期的研究中发现，不论是哪一类资源的缺乏，只要长期处于这种状态，人就会进入稀缺心态。稀缺心态会让我们只关注紧急的、眼前的东西，忽视重要的、长远的价值，从而导致你在这类资源上更加缺乏，陷入恶性循环。

打个比方，当我们上了一天班，回到家剩下宝贵的几个小时，很多人会想着要抓紧时间娱乐一下。刷短视频、看直播买东西、和朋友聊天，不知不觉到了后半夜。熬夜之后，第二天无精打采，人会更加懊恼，晚上又会不知不觉陷入同样的状况。

我们在前面说到大脑有"带宽"，它在一段时间内只能容纳有限的几件事，当周围有更多的琐事进入大脑后，我们就会感觉疲惫，算力下降，进入稀缺状态。而越是意识到时间不够用，就越是焦虑，带宽就会进一步缩小。

想要摆脱各式各样的时间陷阱，就要有意识地节约我们大脑的带宽，减少日常生活中需要做决定的琐事。

扎克伯格每天都穿一样的牛仔裤和高领衫，就是为了减少自己每天做选择的时间。

开头提到的那位叫思琦的女孩，她拒绝无效社交，精简身边的人际关系，是为了能把有限的注意力集中到更有价值的事情上去。

这些都是节约大脑带宽的好方法。

而晓文也在见证了思琦的成长之后，意识到了自己的问题所在，逐渐调整"总为别人操心"的习惯，把更多时间花在了自己身上。

时间对每个人都是公平的，它的公平不仅在于长度，还在于你把它花在哪里，并且之后一定会以某种方式有所呈现：时间花在旅行上，就会比别人多领略一些风景；花在读书上，就会拥有更多元的见解；花在学习技能上，就会在同样的竞争条件下，比别人多一个机会；花在生活细节上，就会比别人生活技能更丰富。

尤其在当下，注意力经济盛行，我们置身于时代的喧嚣中，更要时刻保持警觉，避免被外界的干扰分割了时间，稀释了专注力。希望每个女孩都能够舒展自己的个性和特长，做时间的朋友，不要做时间上的穷人。

过去我们认为"贫穷"单指财富状态，实际上，贫穷不单指缺钱，它也指缺时间、缺知识、缺技能、缺少良好的人际关系……对资源感觉到匮乏的状态，都可以叫作"贫穷"。

不论是哪一类资源的缺乏，只要长期处于这种状态，人就会进入稀缺心态。稀缺心态会让我们只关注紧急的、眼前的东西，忽视重要的、长远的价值，从而导致自己在这类资源上更加缺乏，陷入恶性循环。

为什么花钱、出力，还不落好？

有时候，我们感到很委屈：对家人、伴侣、朋友既花钱又出力，还不落好。

这是什么原因？究竟怎么破？

1. "又凶又能干"，说的是你吗？

我陪30位读者去旅行，大家来自天南海北，奋斗多年，经济状况都不错，有公务员，有公司高管，也有全职主妇，还有市值十几亿企业的创始人，可以说都在自己的领域有所成就。有家有业，财务自由，按理说应该过得挺幸福，可是，深入聊起来还真不是那么回事，大家几乎有着相同的困惑：觉得自己活得很累，不断地对周围人付出、奉献，却落不到好。

有的人陪丈夫创业，到头来却被对方指责为控制欲太强；有的人放下工作，陪孩子去国外读书，投入大量资金和精力，亲子关系反而变得剑拔弩张；还有的人，尽心尽力带团队，帮助下属晋升，却被私底下说成是 PUA。

我听着这些困惑，忽然想起我的一位朋友——有类似经历的小宋。

很多年前，小宋和丈夫一起来到省会城市做生意，那时她刚生完孩子，家人都劝她找个居委会的工作，清闲、能顾家，但小宋不愿意。她想，自己牺牲几年把孩子带出来，以后呢？总不能一辈子围着孩子转。她想趁年轻，去外面闯一闯，说不定能遇到更好的机会，将来也能给孩子提供更好的环境。她头脑活络，也肯吃苦，夫妻俩开了一个家乡菜馆，生意蒸蒸日上。经过十多年的发展，现在已经扩展了十几家分店，成为小有名气的餐饮连锁品牌。夫妻俩换了大房子，孩子在国内读完本科后，去国外读了硕士。

周围朋友都挺羡慕她的状态。年轻时的拼搏，不就是想换取中年之后的一点闲适和沉着吗？当然，这是我们旁观者的视角，小宋反而觉得自己过得更累了。

小宋找不到优秀的职业经理人，有好几个餐厅到现在都是她亲自管理；她希望儿子在国外念完硕士再回国，帮助自己经营餐饮，儿子却对此毫无兴趣，只想赶紧读完大学回国做动漫；老公呢，没有上进心，小宋让他去开辟外省市场，他一点儿兴趣都没有，整天只想着退休，有时让他代班算个账都会算错，夫妻俩经常因为一点儿小事吵架，甚至到了要分家的程度。

"人到中年可真难啊，物质提升了，却没有迎来想象中的幸福，孩子和丈夫都跟我站在对立面，工作也充满不顺心。"小宋跟我诉过苦。

其实像小宋这样的女性很常见，她们都有一个特点：追求效能感。在工作上，她们不甘平庸，追求极致，也以高标准严要求去衡量他人。在生活中，她们时刻严阵以待，很少放松，并且希望丈夫和孩子也能跟上自己的节奏。因为这个特性，她们常被人评价为"又凶又能干"。能者多劳，所以累；态度强硬，所以和他人的关系无法融洽。

这可不就是出力不讨好的类型吗？

2. 为什么"吃力不讨好"

如果你仔细观察这类女性，你会发现，她们和周围人的关系并不是从一开始就这样。

年轻的时候，小宋夫妇并不富裕，两人都想过上更好的生活。在"致富"的大目标下，心往一块想，劲儿往一处使，对其他小问题就没那么较真。即便小宋有时候态度强硬，甚至是严苛，丈夫和孩子忍忍就过去了。甚至，小宋的"能干""强势""决断力强"都成了创业优势，像主心骨一样带领全家大步飞奔。

但是，当经济条件越来越宽裕之后，小宋和周围人的关系出现了扭转。一方面，富裕目标已经实现，接下来要怎么做，大家出现了理念上的不同：她希望继续冲刺，所以让老公去拓展省外市场，希望儿子助力家庭事业。而小宋的老公则希望保持现状，想退休，不愿再拼。另一方面，当没有生存困境时，人对于压力的忍耐程度就会降低，因此丈夫和孩子更在意小宋比较强硬的一面，而忽视了她能干的一面，不理解、隔阂与矛盾也就由此产生。

这种一根直线往前走的思路，是在用单一套路解决不同问题，也给小宋的事业带来麻烦。作为一个大中型餐饮企业的管理者，小宋还在用执行层的方式和脾气处理问题，这让她很难真正信任别人，也无法从繁重的具体事务中脱身。每个人都有自己看待财富和生活的立场，立场各有不同。但是，想要维护好和周围人的关系，就不能只用同一种方式去处理所有人生阶段、财富阶段的问题。

拿我自己来说，二十年前也属于又凶又能干的类型，特别积极主动，甚至给人感觉进攻性很强，因为我需要通过不断地扩张、不断地做成事来证明自己、强大自己；当成为中层管理者，积累了能力和资源，可选项增多，我反而没有那么急迫了，更多的是通过激励团队、资源链接，去促成双赢，而不是所有事情亲力亲为；当我开始管理一家公司的时候，我更注重"软"能力，比如，对公司发展方向的规划、对行业形势的判断、建立个人品牌、拉动团队拓展等，尽量让更多的伙伴找到价值感，实现多赢。

当然，改变不是一件容易的事，尤其当我们做出过一定成绩之后，思维上的惯性往往难以扭转。而我之所以能及时地调整状态，并不是因为我比别人更聪明，而是因为过去的我也吃过很多"出力不讨好"的亏，我自己的成长路径，很大程度上也受到过这种"阶段变了但处事方式不变"的困扰。

3."含茶量"，每个女性都要具备

我们经常听到一类说法，厉害的人能够穿越经济周期、市场周期，其实周期无处不在，婚姻、财富、工作，都有各自的周期。

女性在不同的时期，处于不同的财富量级、职业位置和

婚姻状态，那么社会和家庭对于我们的需求也各不相同，这时候，"含茶量"就很关键了，这种特质可以帮助我们顺利地过渡到下一个阶段，让我们不必在原地被撕扯和消耗。

说到"茶"这个字，很多人第一反应是"绿茶""装腔作势"，不是夸奖。其实，我不这样认为——茶叶很有意思，在冲泡的过程中有不同状态的切换，至少包含了三个层次：

第一，干瘪瑟缩，是紧张的，甚至不知道泡开是什么状态，什么味道。

第二，在水中逐渐舒展开，犹如人性中顺势而为的豁达。

第三，用轻盈的状态，在水中舒放、伸张，口感清冽，提神醒脑，却不似咖啡那么浓烈。

你看，这三个层次是不是很像我们的人生阶段？年轻人刚开始工作，就如同脱干了水分的茶叶，状态紧绷，急迫地想要证明自己，却又不知从何处落手；三十而立，犹如茶叶经过热水的浸泡，逐渐舒展开；中年之后，状态轻盈，懂得与水共生，既有自己的存在感，也有顺势而为的自在，于是散发馥郁芳香。

很多女性之所以感到活得累，往往是因为在财富、职业和家庭上升的过程中，自己还依然处在最开始的紧绷状态，始终没有舒展开。事业做到了一定位置，拼的就不再是凶悍的进攻力，而是资源的整合能力、处事的柔韧度，不能再像起步期那样硬扛；财富有了一定积累，也不必像在起点时那样焦虑，而是要掌握合理配置的方式，调整财务预期和节奏。家庭关系在中年之后也会有很大变化，女性学会"合理示弱"很关键，并不需要总以"强者"面貌出现在配偶、子女、父母面前，承认自己搞不定，适当撂挑子，给自己减减负，相信就算我们不去管，事情依然会解决，只是不用我们的方式解决而已。

这样一想，"含茶量"非但不是贬义词，而且还是关乎我们职业顺遂、家庭幸福的关键因素。

那么，如何通过改变思维方式，补齐这个关键因素呢？

第一，改变自己对于效能感的执念。学会放手，学会信任同伴，不纠结在无伤大雅的细节和琐事里，从更宏观的角度思考。把家人当作家人，而非同事，避免带入管理者角色，设定太多要求和目标，尝试接纳他们的"普通"，允许他们有"不上进"的权利。

第二，充分理解他人的诉求。不同的成长环境会造就不同的性格和目标：有的人看重事业，不断追求更高标准；有的人只想按部就班地工作，其余时间用来享受生活；有的人看重家庭，为了家庭可以减少工作投入。这些都无可厚非。如果用自己的标尺去衡量和对待所有人，往往就会出力不讨好。

第三，重视自己的情绪和状态。任何时候，只要察觉到自己活得很累，就立刻有意识地去调整，分析是不是自己的健康或者经济问题带来了客观的痛苦，请记住米兰·昆德拉的这句话："除了病痛以外，你感受的痛苦都是价值观带来的，并不是真实存在。"除了身体病痛，其他问题大都可以通过改变思路去解决。

富裕但不快乐，是双重损失，因为你付出了更多努力，具备享受生活的物质条件，却因为自己处理问题的方式，没有让富裕的经济效能发挥出来。这多么亏呀！

每个人都有自己看待财富和生活的立场，立场各有不同。但是，想要维护好和周围人的关系，就不能只用同一种方式去处理所有人生阶段、财富阶段的问题。

女性在不同的时期，处于不同的财富量级、职业位置和婚姻状态，社会和家庭对于我们的需求也各不相同，这时候，"含茶量"很关键，这种特质可以帮助我们顺利地过渡到下一个阶段，让我们不必在原地被撕扯和消耗。

财富偏爱谁？

我见过一些"富人"，他们在资产水平上都达到了字面意义的"有钱"，但其他方面，诸如心态、思维、生活方式，却反差得很极端。

比如，老章和小武。

1. 富有和发财的区别

老章是我认识十四年的朋友，他经营着一家营业超过三十五年的食品企业，起初纯做线下门店，逐渐遇到规模瓶颈，发展速度慢下来，利润变少，老章有些着急但并不焦虑，他觉得企业发展速度有快有慢，由于在房地产崛起时期做了适当投资，他的厂房用地和门面已经升值很多。老章随着市场周期优化团队，自己也从未放松学习，他在 20 世纪 80 年代毕业于复旦大学哲学系，阅读、跑步、看市场是工作之余的坚持。到了互联网时期，他拓展网络渠道，也迎头赶上最火的直播行业，原本被门店数量限制的生产规模，迅速被电商和直播打通了，他又赶上新一轮的爆发。

从企业的生命周期来讲，老章已经带领团队跨越了好几轮。

老章重视家庭关系，太太是他的大学同学，毕业后从事金融行业，老章常说太太的理财能力远胜自己，英文能力也很优秀，在国际股票市场赶上好几次机会，他自己做实业挣的钱，未必有太太理财挣得多。他们的女儿很有个性，成绩也不错。

有一次我问他："你女儿大学毕业后，你打算让她继承家产吗？"

老章连连摇头："她有自己的想法，她的工作自己定。"

我有点儿惊讶。很多初代创业者都会选择让子女继承家业，因为老章的女儿是独生女，他的企业规模又非常可观，所以我自然而然地认为，他会让女儿接手企业管理，未来再配个能干的女婿，像大多数家族企业一样。但老章告诉我，女儿从小独立自主，高中选科、大学选专业和学校，都是自己拿主意。他曾经有意把女儿往商管方向培养，最后还是感觉尊重女儿的意愿更好。毕竟任何人都不能替代子女去生活，作为父母，力所能及地提供帮助已经足够。

后来，老章的女儿以不错的成绩考入大学，并且继续申请了自己喜欢的专业读完硕士。毕业后，她进入上海一家非营利机构做公益，收入不高，但她很喜欢，因为这是她真正想做的。每当有人问老章，为什么不让女儿去收入更高的金融行业或互联网大厂，老章都会说，这是孩子的自我选择，他很支持，并且他认为公益事业价值很大，能够作为一生的职业。企业方面，他提前做了股份分配，经过几轮调整，给公司创始元老、职业经理人、新生代管理者都安排了持股比例，自己目前处于半退休状态。

这是老章的经历。

他勤勤恳恳经营了几十年企业，在机遇和实干中逐步积累财富。

接下来要说的小武，是快速崛起的财富神话。

小武原本是个普通工薪族，每天朝九晚五。直播行业刚刚兴起时，小武抱着娱乐的心态做直播，每天下班后播两个小时，意外反响巨大，网友们都喜欢他用讲段子的方式吐槽职场或逗趣社会现象。小武迅速积累了大量粉丝，顺势辞掉工作，专职做主播，也开始带货。

在自身努力和平台扶持的双重作用下，不到五年，小武快速实现财富自由，最好的直播机构和投资人都递来橄榄枝，希望与小武合作把直播业务继续扩大，但都被他拒绝。小武的理由是，自己辛辛苦苦赚钱好几年，该停下来享受了，至于业务，放一放再说，反正账户上积累的数字，远远超越了自己原本对"财富自由"的认知。

小武开始热衷买豪车，买名表，然后换了女朋友，出没奢华的私人会所，直播间偶尔开播，也只是晒晒战利品和目前比较奢侈的生活，因为脱离了过去的环境，他再也讲不出接地气的段子了。

大众记忆非常短暂，再加上大批新主播不断涌入这个赛道，小武的流量直线下滑，随之而来的是直播间电商销量暴跌。起初小武不以为意，觉得自己"白手起家"打出一片天地，那是本事，但下滑持续一年后，他也焦虑起来，尝试了各种新方向，大多是病急乱投医，他那时不明白一个残酷的事实：网红、高管、明星等职业，身后有非常多的人在等着替代他们，等着他们在自己的生态位倒下。

事业低谷带来连锁反应，小武报复性花钱，以弥补内心的空虚。到创业第六年，小武已经从直播行业逐渐淡出，之前赚到的貌似够花一辈子的钱，短短几年就没了。

2."暴富"大多会暴雷，因为富裕是个"体系"

回过头来看老章和小武，他们都是白手起家，都到达了（或曾经到达过）财富自由阶段，实现路径却很不同。老章熬过了漫长的积累期，他的企业在三十多年里经历过数次转型和迭代；小武属于在风口期抓住机会，吃准一波行业红利，在短时间内完成财富积累。

这两种方式没有好坏之分，但给人带来的变化和影响却截然不同，从老章和小武的身上，可以清楚地看到：成为富有的人，和持续富有的人，不是递进关系，而是两类人。

"暴富"最大的问题，是成功了但不知道自己成功的原因是什么，所以也就不懂得如何延续这种成功，暴富者的自我教育和下一代的受教育水平往往比较差。

而富裕是一个"体系"，不是一套好房子、几辆好车、几件珠宝就能支撑起来的。金钱来得太快，让人容易冲动和盲目，不懂如何有效地管理财富、守住财富，导致过度消费或做出错误的投资决策，误以为幸运之神会一直眷顾自己，甚至头脑一热就投资做生意，继续那些暴富的梦，这样的人往往血本无归。

慢慢变富的人，通常有两项优势：第一，自知之明；第二，敬畏之心。自知之明让他们不断发掘环境和自我的优势，顺势而上；敬畏之心让他们明白社会趋势，清楚自己能力的边界，见好能收。

思维和心态的不同，又会影响到生活方式，暴富的人更容易陷入奢侈和铺张浪费的生活方式，可能会大量购置昂贵的物品，以彰显身价。慢慢变富的人更注重生活质量和平衡，倾向于在教育、家庭和社交等方面投资。比如老章，他日常朴素，不开豪车，不买名牌，和员工一起吃食堂，但在长线投资，如子女教育、员工培训、战略咨询等方面，他投入了大量资金和精力，因为这些价值投资，关乎子女的未来和企业的长线发展。小武则相反，他把资金用来购置奢华物品，本质上属于一次性消费，无法带来持续回报和增长。

总体来说，在财富循序渐进积累的过程中，人的思维方式、心态、生活方式等各个方面都会发生潜移默化的改变，随着时间的推进，变化会越来越显著，形成良性循环，系统性地影响到生活的方方面面。而暴富，则很难有这种觉知和改变。

3. 财富偏爱"有系统性思维"的人

财富更偏爱有系统性思维的人，不仅需要重视"账面上的数字"，也要让思维方式、心态、生活方式等各方面跟得上财富增长的节奏，高认知本身就能够拉动财富增长。

在老章身上，我看到了三个关键优点。

第一，客观地认识自己。

我问老章："你觉得自己最明显的优势是什么？"

他回答："是我的教育背景。我在 20 世纪 80 年代初大学毕业，这样的教育起点与当时很多创业者不同，让我更快地理解新趋势，发现新机会——懂得运用知识就是最大的财富。我有能力全面梳理自己的财务状况，包括收入、支出、资产和负债等各个方面，找出潜在的问题和机会。我也会根据财务现状，明确自己的经营目标，比如短期和长期的收入、投资目标和储蓄目标等。我很清楚自己的短板，我不擅长做'太具体的事情'，比如开厂、生产线管理、新店扩张，包括现在的直播技巧，我肯定不如专业人员懂，那就委托给他们去做。"

我认识的老章，先有教育，再有知识，然后具备见识，最后变成认知。

其实我们大多数人的成长都是这个过程。"富有"是认知积累到一定程度，加上行动力，共同爆发出的结果，它不是强求来的，更不是撞大运，而是水到渠成的一个分晓。

第二，理解外部环境。

老章经历过大约十年的事业瓶颈期，那时，他的食品企业主要依靠的是线下渠道和门店销售，专门店、商超能进的都进了，但以当时的市场环境，他很清楚企业规模接近饱和，除非有新模式，否则不可能快速发展。基于对外部环境的理解，他虽然着急，但是不焦虑。公司现金流稳定，保证利润水平，边维稳边等待机会，这是唯一的选择。而当电商、直播等新形式出现后，他敏锐察觉到，迅速抓住外部难得的机遇。

约翰·史崔勒基在《世界尽头的咖啡馆》中说："海龟游泳看起来慢悠悠，很多人拼尽全力却跟不上它，为什么？因为人游泳很拼命，但海龟不这样。只有'正向浪'来的时候，海龟才拼命游，乘着海浪前进；如果来的是'反向浪'，海龟只让自己浮起来划水，保持原地不动，不在反向浪上消耗体力。"

什么是反向浪？对海龟来说，与它目标方向相反的浪都是反向浪。

反向浪打来，如果我们还拼尽全力，就只会被吞噬。

就像每个人在做自己的发展规划时，都得关注市场变化、政策调整等外部因素，学会适应这些变化，及时调整自己，顺应大势所趋，才能让个人努力发挥出更大的效能。

现实里，都是"小人物"撞上"大时代"的故事，就连英雄也是这样。

第三，明白自己追求财富的意义。

这是最重要的。

简单问自己一句："你挣钱是图个啥呢？"

大多数人挣钱是为了获得更多的幸福感，如果明确知道财富将带来不幸，恐怕就不会费尽心力去追寻了。就像小武对我说过的："要是有了那么多钱，还能好好上班，安心谈恋爱，不那么浮夸，就不会破产了吧。"

健康、真情、家庭、善意、充实、满足、自我……这些具体的存在和感受，才是我们追求财富的意义，就像电影《真情假爱》里的经典台词："我并不爱钱，但我知道钱能带来独立和自由，我喜欢的是独立和自由的生活。"

所以，比起"有钱"，我更喜欢"富有"的状态，它意味着有一些钱，并且感到了内心的充实和幸福。

拥有财富，其实是为了接近幸福。

愿我们始终不要忘记这个初心。

画重点

"暴富"最大的问题，是成功了但不知道自己成功的原因是什么，所以也就不懂得如何延续这种成功，暴富者的自我教育和下一代的受教育水平往往比较差。

"慢慢变富"通常有两项优势：第一，自知之明；第二，敬畏之心。

这届年轻人，真的不够努力吗？

有个习惯性评价是：这一届年轻人可真不够努力呀！

仿佛年轻人的所有经济问题，都可以靠"努力"解决。

我完全不同意。

1. 年轻人的焦虑和挫败

我在我的公众号后台看到两条留言。

第一条留言来自一位女生，她说："筱懿姐，我在深圳工作五年了，和男朋友加在一起的存款还是凑不够首付，我们俩都是普通家庭的小孩，不想掏空父母的养老钱，因此工作都很勤奋，男朋友还兼职写代码。我总感觉，想要通过努力付出去获得理想生活，真的太难了。我们今年准备结婚，可是想想未来即将面对的压力和困难，就会感到很挫败。不过，除了更加努力，好像也没有其他更好的办法了。"

第二条留言来自一位母亲。她的孩子在省会城市的一家设计公司上班，这位母亲觉得这份工作不稳定，想让儿子考公务员，但儿子考了三年也没考上。她认为儿子没有努力，但儿子也很委屈，表示现在考公竞争激烈，自己一边上班一边复习已经尽力了，不想继续考了。于是两人闹了很长时间矛盾。这位母亲在留言中说，自己和丈夫是白手起家，从村镇到省城安家落户，儿子的车子房子也都是他们给凑的首付，相比自己那一辈，现在的年轻人不够努力，遇到困难就退缩躺平，她很烦恼，不知道还要为儿子操心到什么时候。

这两条留言很有代表性，它们体现出了当代年轻人的一个普遍共识，那就是付出和收益远不成正比。在这种情况下，有的人像第一位女生那样，一面感到挫败，一面认清现实继续努力；有的人像第二条留言中的儿子那样，干脆选择放弃。

两代人在面对这一问题的时候，也体现出了截然不同的态度。

年轻人普遍认为自己已经发奋图强，但依然达不到父母那辈人的标准，尤其当自己的努力被换算成一些具有实际价值的东西时，比如：房子、车、一份高薪且体面的工作，等等。

2. 付出回报率要看经济周期

在讨论年轻人是否努力之前，我们首先要明白一点，任何经济发展，都有自己的周期。1913 年，美国经济学家韦斯利·米切尔提出经济周期的概念，它是指由工商企业占主体的国家在整个经济活动中出现波动的现象。

经济周期就像四季，它也是一种客观规律，简单来说，一个完整的经济周期有四个阶段：繁荣期、衰退期、萧条期、复苏期。这个变化序列会重复发生，但不定期。

1965 年到 1975 年出生的人口，是从中国改革开放和全球化中获得极大红利的群体。他们在年富力强时，赶上了经济高速增长的列车，许多肯努力、肯钻研的年轻人，都在经济上获得了相应的回报，甚至在一些场景中，会出现回报大于付出的情况。

比如买房。2000 年前后，上海的房价基本在 3300 元每平方米，靠近郊区的地段，甚至单价只要 1000 元～2000 元每平方米。一般家庭的两室一厅，当年 30 万就能全款拿下，2000 年前为了鼓励大家买房，不仅能退税，还送蓝印户口。而现在上海的房价，70000 元～80000 元每平方米已经是普遍现象，好的地段甚至突破 100000 元每平方米。

我认识一对兄妹，他们起初在宁波做外贸生意，2006年左右，赶上次贷危机，生意受到很大影响。哥哥决定把前十年赚的钱拿出来，继续买设备办厂，开拓国内市场。妹妹则带着积蓄去了上海，买了地段好的房子，剩下的钱做了个小本生意。

十几年过去了，两人的境遇完全不同。妹妹的房子升值了几十倍，每月只靠收租金也能过得很滋润，而哥哥买的那些设备已经变成了废铁。是因为妹妹的能力比哥哥强很多吗？还是因为哥哥不够努力？都不是。

一个人的命运，固然要考虑个人的努力，但也要考虑历史的进程。很多东西其实是时代的给予，不能完全依靠自己的能力。投资房产赚钱就是时代的红利之一，很多"70后""80后"能够在一线城市安家，按部就班地买房、结婚、生子，其实也是赶上了这个红利，单靠勤奋做不到这一点。

这几年，我们逐渐感受到，工作似乎更卷，经济环境不够理想，也正是因为全球经济周期的变化。

现在的大学生，几乎不可能毕业几年就凭借个人努力买到第一套房，因为工资和房价的差距太大。另外，一些想要在大城市安家的年轻人，还需要接受更严格的落户政策。

除了买房，另一件大事——就业，也让年轻人倍感压力。从数量上来讲，现在每年毕业的大学生比二十年前多得多，整体的受教育程度也大幅度提升，就业要求也变得高很多。每年考公期间，我们都能看到成千上万的人去竞争一个热门岗位，而大公司也常会存在一个现象，就是让能力很强的人去任职某个基础岗。

这是因为供需关系的失调，比如，市场上有 500 个毕业生，但企业的需求只有 100 人，所以只能多设置一些要求和规则，去筛掉剩下的 400 人。

内卷的本质就是在没有增量的前提下，在存量环境中竞争。竞争者付出了大量的努力，却没有得到更多收获，因为付出的成本都被消耗掉了。

这也是现在年轻人觉得压力大、想"躺平"的原因之一。

3. 付出和收益不成正比，努力的意义何在？

当付出和收益无法打平的时候，还要继续努力吗？如果你正好陷入这种挫败和压力交替的情绪当中，我建议试着把这个问题换一种问法：当大环境没有那么好的时候，我能做什么？

其实，读懂经济周期的变化，能够以更平常的眼光来看待自己当下所经历的状态，找到更适合自己的生活方式。请相信，如果你觉得工作卷、生活难，那么一定有很多人和你感受相同，这个阶段，比拼的往往不是爆发力，而是持久力——坚持不退场，熬过去就是胜利。

这不仅是生存策略，更是一种心态建设。不怨天尤人，不自我怀疑，保持住自己的心态，等到下一个春天时，你才能有饱满的状态去迎接机遇。

另外，不论你是创业，还是在公司任职，切记不要激进。

很多人为了追求效果，越是业务形势不好，越是抱着梭哈一把的心态，投入更多的精力和成本；或是盲目多元化，什么都想试试。这些心态都很危险。当外部市场有很大增量的时候，业务是有红利期的，但在存量竞争中，激进只会增加风险。

假如我们必须经历寒冬，那就把它当作修炼内功的时机。

几年的时间，经历的时候觉得难熬，可是，放到人生的全程来看，还是相对短暂的。在这个时间段，可以去积累有效的工作经验和知识，降低不必要的大幅开支，不断给自己打气：大的趋势如此，我把自己的小环境努力经营得美好一些，就是很大的收益。

经济周期，就像四季的轮回，是一个客观规律，如果我们把视角放得更长远些，就会发现，一些发达国家，比如：美国、德国、日本，近十年来的 GDP 增速普遍在 1% ～ 3% 左右，看上去几乎停滞；而中国改革开放四十年，一直处于高速增长期，现在只是放缓了一些。[1]

无论你之前是否有感知，经济周期都在影响着每个普通人的生活，有时候，它把人的努力放大；有时候，它又无法给我们满意的回馈。

但我相信，在了解了经济周期之后，你能解除无用的焦虑和自我怀疑，也会更加清楚自己当下要过怎样的生活。

1　数据参考来自《中国省域经济综合竞争力发展报告（2019 — 2020）》

1913 年，美国经济学家韦斯利·米切尔提出经济周期的概念，它是指由工商企业占主体的国家在整个经济活动中出现波动的现象。一个人的命运，固然要考虑个人的努力，但也要考虑历史的阶段性，时代带给人很多东西，包括事业和生活中较高效率的收益。

内卷的本质就是在没有增量的前提下，在存量环境中竞争，竞争者付出了大量的努力，却没有得到更多收获，因为付出的成本都被内耗掉了。

这也是现在年轻人觉得压力大、想"躺平"的原因之一。

别强迫父母过富裕生活

很长一段时间，我都嫌弃我爸太扫兴。我带他吃大餐，他吐槽：太贵，不如在家做；我带他去旅行，他抱怨：太累，花钱如流水；我带他看电影，他说：片子太长，坐不住。每次我兴冲冲表达孝心，结果都凉飕飕被他泼冷水。

1. 不强行表达孝顺

我工作以后，很大的一个成就感，是终于不用只在口头上爱父母了。这些年我出书，创业，在工作上投入的时间越多，陪伴父母的时间就越少，总觉得没能好好照顾他们，于是一有机会，我就会买很多好吃、好用的"新鲜玩意儿"尽孝。一是不想他们落后于时代，二是自己过得不错，也想让父母过上同样的生活。

结果却适得其反，好吃的他们吃不惯，不吃又心疼钱；好用的他们用不来，比如我给妈妈买的扫地机器人，本想让她做家务轻松点，她却始终觉得这电器实在太"诡异"，像个不明飞行物体。

这些年，我花了很多冤枉钱，对他们的生活品质提升却完全没起作用，反倒让他们感到很累，他们无论是内心里，还是和我相处时，都在过自己的日子和平衡我的孝心之间撕扯。结果就是：

第一，我浪费了时间、金钱和精力；

第二，他们对我的积极干预和"改造"不买账；

第三，我觉得自己好心没好报，不开心；

第四，父母觉得自己的生活被嫌弃和挑刺，也不开心；

第五，我和父母互相瞧不惯。

……

史铁生老师的话提醒了我，他说："世上的紧张空气多是出于瞎操心，由瞎操心再演变为穷干涉。"父母都是成年人，生活完全自理，也对现状十分满意，我却执意要掺和进去，只会消耗自己的能量。

现在，我放弃了对他们生活的指指点点，只在两种情况下"插手"他们的日常：一种是他们主动提出请求，比如让我帮忙挂一个医生的号，问我手机上怎么取消自动缴费；另一种是我看到什么好东西，先征询意见，"买台洗碗机给你行不行""补钙的保健品要不要"等，得到肯定的回答后再去执行。

自此以后，我节省了很多金钱，也不再内耗；父母也依旧我行我素，生活自在。我发现，不要试图改变父母的生活，更不要强迫他们和子女"共同富裕"——体验最新科技，享受高档美食，坚持健康第一的生活习惯。只要他们自己觉得舒适，那些我看不惯的闭塞和老土，并无不妥。

当我不再强行表孝心，他们也就不再是扫兴的父母。

2. 为父母的命运负责，是吃力不讨好的执念

我父母是 20 世纪 50 年代初生人，我是 1978 年生人，这中间差了近 30 年，年代不同、环境不同、对生活的理解和对财富的认知更是天差地别。

20 世纪五六十年代，大部分家庭都不富裕，对财富也就没有更多认知，更谈不上所谓的"财富观"。长期的贫穷经历，在他们的记忆中刻骨铭心，即便现在生活已经富裕了 30 年，他们也绝不乱花钱，"省"字当头，精打细算，这些不仅是父母常年养成的习惯，更是那一辈人的肌肉记忆。他们吃过苦，吃得苦，也不觉得苦。吃不完的菜绝对不会倒掉，剩饭可以一热再热；家里的空调就是个摆设，天冷或天热从

来不开。对父辈们来说，省吃俭用的意识已经深入骨髓，省到就是赚到。

而我们"70后""80后"，虽然从小物质也并不丰裕，但早已没有温饱问题，我们作为见证、参与，也受益于中国经济腾飞的一代人，对财富的认知是：开源胜过节流，能挣钱，会花钱，人不能做金钱的奴隶，财富是用来支配的。

更不用说衣食无忧、见多识广的"90后""00后"，"Z时代"的财商意识觉醒得更早，财富认知也比人们想象中更理性、更健全，爱好、投资两不误，注重理财规划和生活享受的双向平衡。有句话说得很对："人无法超越自己所处的时代。"每一代人都带着属于自己的时代烙印，就像一个人对财富的认知，来自他生活经验的全部。

当我们用自己的生活经验，去要求当年的父母，指责他们冥顽不灵，不与时俱进，是很不公平的。试图改变父母的习惯，无异于让他们抹掉一辈子的生活印记，否认自己的人生。

少盐少油是很健康，但他们吃不惯、做不到；及时行乐是很时髦，但他们身心都接受不了。

《论语·里仁》中说："事父母几谏，见志不从，又敬不违，劳而不怨。"

侍奉父母，如果父母有不对的地方，要委婉地劝说他们。自己的意见表达了，父母心里不愿听从，还是要对他们恭敬，并不违抗，替他们操劳，而不怨恨。这并不全是封建宗法家族制度的纲常教条。

阿德勒心理学里有个概念，叫"课题分离"，就是说，我们每个人都有自己的课题，后果也由自己承担。即使是家人和朋友，也要分清自己和别人的边界。每个人的人生由他自己负责，不必为他人思虑过多，除非他发出求助、求解的信号。强行对他人"解救"，他也未必会买账。

说白了，就是放下助人情结，尊重他人命运。

允许一切如其所是，尊重父母的所思所想，学会对父母的生活方式放手，不再用"我都是为了你好"来评判他们的生活。

3. 省下无谓的钱，才能把钱花在刀刃上

我们这一代人的贪心，在于一边拯救父母，一边激励孩子，典型的尽孝尽责，却两边都吃力不讨好。

为了筹备《灵魂有香气的女子》英文版的发行，2024年2月，我重新捡起英语，做系统的"听说读写"训练。我的英语老师是个耐心而又专业的男生，自称"小镇做题家"，

因为教学优秀，他的辅导课程相当昂贵，我是他教授的年纪最大的学生，也是唯一一个不是"学生"身份的学生。

有一次，我们先聊起我和其他学生的区别，他说："您不以考试为目的，有强大的自驱力，特别知道自己要什么，所以进步很快。而很多备考托福、雅思、SAT 的孩子，一方面承受着巨大的学习压力，一方面又表现出躺平的学习状态，他们背负着家长的期待来上辅导课，为了给父母一个心理安慰：只要在金钱上舍得投入，把学习时间填满，自家孩子就没输在起跑线上。实际却是，钱花了，成绩并未提高太多。"

收藏家马未都写过一篇小文《两毛钱一脚》，讲的是他曾在阿克苏路过一片杏树林，白杏压满枝头。杏树下坐着一个维吾尔族老汉，身边有几个铁皮桶，马爷问他："杏多少钱一斤？"老汉说："两毛钱一脚。"

意思是，两毛钱允许朝杏树踹一脚，果子掉多少就算多少。

杏树大小不一，马爷选了一棵粗壮且满挂果实的杏树，铆足劲儿，猛踹过去，脚腕子都快肿了，结果一颗杏未落。

再交两毛钱后，马爷瞬间就老实了，转头重选一棵细弱的小树，不轻不重地踹一下，掉下的杏捡了半桶。

那棵粗壮的杏树，就像是孩子对辅导课躺平的学习状态，也是父母大半辈子的生活经验，是很难踹动的，不但白费力气，无功而返，一不小心还会伤到自己。更大的代价是因此失去了与父母子女和谐美满的家庭关系。

马克·李维在《偷影子的人》这本书里，有句很出名的话是："你不能干涉别人的生活，就算是为了对方好，因为这是他的人生。"

不再强行规划父母和孩子的人生，把钱省下来，等到父母生病、孩子急需时，才能真的有钱花在刀刃上。

这是我，一个中年人的心声。

------------------------------ 画重点 ------------------------------

阿德勒心理学里有个概念，叫"课题分离"，就是说，我们每个人都有自己的课题，后果也由自己承担。即使是家人和朋友，也要分清自己和别人的边界。每个人的人生由他自己负责，不必为他人思虑过多，除非他发出求助、求解的信号。强行对他人"解救"，他也未必会买账。

第二章

赚钱很踏实

通过正当途径，付出个人努力，

赚钱就是一件体面的事。

赚钱的过程带来知识积累和认知提升，

以及谁也拿不走的安全感。

怎样建立事业和收入的"护城河"？

对于自己喜欢什么，我们很明确。

对于自己擅长什么，我们却未必清楚，还会有认知偏差。

1. 喜欢和擅长，是两个概念

公司里有个女孩，一直认为自己擅长写作，应聘的也是内容编辑岗位。而我们的内容团队，人均有 10 年媒体经验，大家能力都挺强。这个女孩在大学阶段文笔确实不错，写作经常拿高分，但是当她进入一个以内容为职业的集体时，明显水平吃紧。

很快，她感到了自己和其他编辑的差距，自我否定情绪严重。

我找她沟通过几次，发现她口头表达能力和组织能力都很优秀，写作能力在专业领域称不上出类拔萃，却也够用了。于是，我就让她去带项目，比如统筹视频拍摄。有些非常难合作的拍摄场地，经过她协调，常常很快解决，这是其他伙伴做不到的。现在，我们公司很多重要项目都交给她牵头，完成得相当出色。

我问她："之前没有发现自己擅长项目管理工作吗？"

她说："从来没往这上面想过，因为学生时代老师表扬我作文写得不错，我也喜欢看书，就认为自己适合做内容编辑，没想到'喜欢'和'擅长'完全不是一回事。"

是的，"喜欢"和"擅长"区别巨大。

就像很多女孩喜欢追剧，对情节设置、人物性格分析得头头是道，但再喜欢也不代表她可以进入影视行业，去当编剧。如同韩寒说的："别用你的业余爱好，挑战别人吃饭的本事。"

在职业规划，或者通俗说，在"赚钱"这件事上，人往往有个误区：习惯根据自己的"喜欢"和"直觉"做判断，而不是从专业角度做分析，我自己也一样。

我曾经认为自己只会写文章，很抗拒拍短视频，觉得短视频分散精力，让我无法聚焦写作。直到一位做投资的朋友说："筱懿，你干吗不拍短视频呢？短视频要写脚本，正好发挥你的文字优势啊。"

我噼里啪啦把自己否定了一遍：大舌头，面对镜头紧张，上镜显胖，拍视频太消耗时间影响写书……

朋友扎根短视频赛道看过很多项目，她非常认真地建议：

"你要迅速尝试短视频，有三个原因：

"第一，短视频是现在的新媒体趋势，不做，你会错过一个大趋势。

"第二，自己先简单录制，发到网上看反馈。用户骂的点，就是你要改进的地方；用户夸的点，就是你的价值所在。多互动，多看反馈，只有用户样本数量足够大，你才能真正了解自己的优势。

"第三，投入不大，收益却可能很大的事情，必须立刻尝试。"

她句句说在关键，而我又是个执行力很强的人，当天就随手录了一段自己午餐的视频发布。

太意外了！点击、留言的数量是发一篇文章的 10 倍！

以前我藏在文字背后，现在短视频把我拉到人前，展现更立体的"人性"，而我也发掘了自己从没有过的一面：很松弛、很治愈，还很逗趣。

短视频对于我，是个"结构性机会"。

2. 把握"结构性机会"，让努力翻倍

结构性机会指某个行业的一波行情，区别于全面普涨，一般用来描述股市投资机会。它有一个相对的词，叫"指数性机会"。指数性机会是指市场全面上涨，不论你买什么，都或多或少有涨幅。而结构性机会是当市场不再全面上涨，部分板块依然还有较好的投资机会。就像社会发展，当经济大环境好时，则各行各业普遍景气；如果经济增速放缓，很多行业衰退，甚至通过裁员以求降本增效，个人的财富积累遇到障碍，这时，某些领域却依旧呈上升趋势，实现盈利，这就叫结构性机会。

万维钢老师的《精英日课》中举了个有趣的例子。

在美国，有一些高中生为了拿到大学奖学金，会提前训练一项体育技能，因为大学优先录取体育特长生。如果没有结构性机会的意识，认为只要选一个自己喜欢的项目就行，那多半会占不到优势。

很多男生喜欢球类运动，如果你选择打排球，就必须跟全国5万多个男生争夺不到300个名额，录取比例是177:1。对男生来说，练体操是更好的选择，因为全国练体操的男生只有2000人，大学在体操项目上的录取名额却有100个，录取率是20:1。

而对女生来说，如果你练的是球类项目，比如足球、篮球、排球，录取率大概在 40:1 到 50:1 之间；如果练赛艇或者马术，录取率是 2:1 和 3:1。

以上数据表明两点：第一，女生练体育比男生练体育更容易被大学录取；第二，选择一些非常规项目更容易被录取。

所以，同样的努力，把握住结构性机会，我们的成功率会是其他人的几倍甚至几十倍。社会中存在着大量结构性机会，意味着我们在某些领域做事，要比其他领域更容易出成效。

这一点我体会很深。

2020 年到 2022 年，有三年时间不能在书店举办读者会，我起初很沮丧，也尝试了一些替代方案，效果都不理想。后来，我试着用直播和读者交流，邀请著名作家学者互动，比如王立群老师、刘震云老师；还邀请不同领域的优秀者分享，比如杨天真老师、杨澜老师、刘天池老师，心理学家李松蔚，还有我的好朋友、媒体人六神磊磊等。后来，我的直播跨越国界，邀请巴菲特先生的儿子彼得·巴菲特与中国读者分享他的新书《父亲巴菲特教我的事》。

直播反响非常好！每场直播的观看量从十几万到几

十万不等，而一次线下读者会，因为场地限制，最多只能有 200 ~ 1000 人参加。

越来越多的嘉宾愿意在我的知识直播间和用户分享自己的经历和见识。这两者巨大的差异，就是结构性机会带来的，直播的兴起把人们的距离缩短了，把交流的效率提高了。

3. 普通人如何抓住结构性机会

从普通人关心的工作和赚钱角度，怎么找准自己的结构性机会，实现财富积累呢？这里要提到一个很多人都熟悉的词——护城河。

很多人认为"护城河"就是"个人优势"，只要不断打磨自己的核心优势，就等于有了护城河。

其实，两者并不完全等同。

在古代，"护城河"是人工挖掘的围绕城墙的河，主要用来防御敌人入侵。现在，"护城河"是个比喻，指建立起屏障，抵挡市场竞争风险。普通人想要抓住结构性机会，就要建立个人的护城河，两个必不可少的条件是：

第一，门槛高。你所从事的领域入门要求比较高，竞争对手难进来，于是自己有了一个相对安全的位置。

第二，可持续。你在这个领域精耕细作，积累多年，而且市场需求持续不断。

明白这两个标准，再来看案例。

我一位朋友的女儿，2021年留学归国创业，她喜欢咖啡和烘焙，就在上海一条安静而有格调的街角，开了一家咖啡馆。她热情极高，按照自己梦想中的样子，在咖啡馆安装了大落地窗，摆满了绿植和书架，精挑细选每一个杯子。然而，现实却是咖啡馆经营半年后，没卖出几杯咖啡，渐渐被房租和人工成本拖垮了。

2021年发布的《上海咖啡消费指数》显示，上海共有咖啡馆6913家，数量远超东京、伦敦、纽约，是全球咖啡馆最多的城市。截至2023年5月，上海的咖啡馆数量上涨到8530家，在淮海中路、南京西路、愚园路这种咖啡馆扎堆的地方，即使一天换一家喝，也无法在一个月内喝完整条路上的咖啡馆。

而护城河，本质上是"壁垒"，起到防御作用，让别人不能随便进来竞争。可以看到，咖啡馆已经处于充分竞争阶段，没有特色的新手入场，很难找到属于自己的安全生态位，更无法建立护城河。

难道餐饮业、小商品零售注定机会很少，很难挣钱吗？

不一定。

留心观察，会发现很多"小生意"却有挺深的护城河。

我家小区旁边有一家诊所，开了 15 年，一直很稳定。那条路上除了这家诊所，也开过面包店、川菜馆、早点店、服装店、水果店等，无论店面刚开业时多红火，通常经营两年就关店了。唯独这家诊所，从来没有爆火，一直开到现在。

首先，它满足了门槛较高的要求。一张从业资格证，就阻挡了大批竞争者。

其次，它持续性强。周围居民有点儿感冒发烧、头疼脑热的小毛病，最方便的选择是家门口的诊所，开点儿药、打个点滴，比去大医院排队挂号省事，这类基础需求很大，而且可持续。

有意思的是，诊所的医生是个 50 岁的中年女性，她从不觉得自己擅长疑难杂症，也不是很喜欢开诊所这个职业，但是她的能力刚好够用。

在不确定性很强的时代里，探索自己的多样性，磨炼出一两项稀缺技能，或者掌握一项在别人看来难度很高的技术，都是建立"护城河"的方法。

多数时刻，我们得相信自己，但有些情境下，不能迷信自己的直觉，因为社会发展不平均，会带来结构性机会，这些机会有点儿"反直觉"，得参考周围人的评价和需求。

4. 做深、加宽、做长，把优势变成护城河

最后，再说说我从写文字，到拍短视频的启发。

把短视频当作工作后，我开始重点改正自己的问题，做了三件事：

第一，发挥文字写作优势，这是"做深"。

我把很多点击量高的视频和短片，做了"拉片"观看，一帧一帧看画面怎么衔接，还把文案转成文字稿，逐字逐句大声朗读，体会其中打动人心的节奏和情感。说起来容易，做起来却有很多挫折，三年里我拍了大约2000条短视频，三分之二的数据都不好，我一度很受挫。但是，新领域的确要花更多精力亲身尝试，试了两年，我才找到短视频与写文章不同的节奏，能在一分钟内把事情讲清楚。

拍视频需要我比过去读更多的书，我还看了大量纪录片，以及辩论赛、TED演讲、访谈节目等。人的表达力由两部分组成，一个是自我表达，一个是瞬间反应，看得多了，内容储备多了，瞬间反应能力就会增强，遇到各种状况都能

接住。

第二，训练吐字、发音和表达能力，这是"加宽"。

大多数人没有特别好的声音基础，也没受过专业训练，无法和播音员比，但录音频可以让我了解自己讲话的特点，扬长避短。比如我是大舌头，"t"这个音发不准，我就可以轻轻带过去。

录视频则让我了解自己讲话的状态。但我会把视频和音频分开录，为什么呢？因为图像和声音是两个状态，我本来表达力就不是很好，同时要注意声音和体态两个方面，容易顾此失彼，分开训练和录制更能达到最佳效果。

每个人都有自己喜欢的人和风格，董宇辉出口成章，小作文写得特别好；鲁豫语言优雅，既有亲和力也有知识量；房琪的话充满情感和温度。喜欢谁，就可以多看看他们的视频和状态，结合自己的特点去定向模仿，提升特别快。

第三，培养健身习惯，优化体态，这是"做长"。

拍视频的三年里，我用健康的方式慢慢减轻了8斤体重，把体脂率从26%降到18%，这让我精力更充沛，在镜头前变得更自信，表现力也更好。

最后，我发现自己独特的优势，是在文化和图书领域工作多年，从 2013 年出版第一本书《灵魂有香气的女子》开始，到你现在正在阅读的这本《有钱花》，我有幸认识行业里优秀的作家、学者、编辑，跨界认识了娱乐、文化、媒体领域的佼佼者，当我做视频时，他们成为我强大的后盾和资源，我也为他们提供了表达的时机。

就像"护城河"，从来不是一天建立的，它来自清晰的方向、慢慢的积累和深度的挖掘。

画重点

在不确定性很强的时代里，探索自己的多样性，磨炼出一两项稀缺技能，或者掌握一项在别人看来难度很高的技术，都是建立"护城河"的方法。

多数时刻，我们得相信自己，但有些情境下，不能迷信自己的直觉，因为社会发展不平均，会带来结构性机会，这些机会有点儿"反直觉"，得参考周围人的评价和需求。

赢面最大的投资方式是什么？

没有任何正规机构会向用户承诺，某项投资稳赚不赔。

但我认为，的确有一种风险性最小、赢面最大的投资方式。

1. 提升专业能力，是赢面最大的投资方式

三年前，我去见合作方的老朋友，对方会议还没结束，于是安排助理小高先来接待。小高是个刚毕业没多久的女孩，看得出来她很紧张，带我进电梯时，一直在刷饭卡，直到我忍不住提醒了一下，她才发现刷错了卡。小高帮我找了个空会议室，我们刚坐进去两分钟，就有几个同事敲门要进来开会，原来这一间是别人预订过的。小高忙不迭地跟我说抱歉，安置好我之后，又急匆匆去泡茶，端过来才发现，里面盛的是凉开水。看到小姑娘脸涨得通红，我赶紧说："没事，天热喝凉水正好，我刚毕业的时候跟你差不多，事情一多就容易乱，有经验了就好了。"

今年年初，我和老朋友又约了见面。这一次，我刚到公司楼下，小高已经早早地站在门口迎接我了。时隔三年，小高像是变了个人，谈吐大方，边走边跟我预告了当天的流程安排，以及哪些人参会，他们分别负责什么业务。走到会议室，里面已经摆好了茶水和提前打印好的会议资料，投影仪也已调试完善。人到齐之后，作为行政副总监的小高，主动承担起主持的角色，有条不紊地推进流程，其间也穿插表达自己的见解，帮助大家更好地讨论。

临走，我向小高表达了赞许，也很好奇这三年她经历了什么，成长得如此快速。小高说："其实没什么特别之处，就是不断复盘不足，然后找机会补上。刚工作时，我发现自己最大的问题是与人交往的能力不够，一到重要场合就容易紧张。因此找了一些专业组织和协会，业余时间就出去参加培训和活动，这让我慢慢地不再害怕和人交流，也拓展了人脉。后来，我感觉光有人际交往能力还远远不够，因为大部分工作关系建立在业务之上，于是我买了很多专业书回来啃，还报名了线上课程跟着学习。去年年底公司有一次晋升机会，我提前半年做准备，考到了项目管理师认证，很幸运地获得了晋升名额。"

我又问她："现在很多年轻人对收入感到焦虑，觉得靠上班收入增长太慢了，于是想各种方法赚钱，你会有这种焦虑吗？"

小高想了想说："我倒没有焦虑过收入增长，因为人不能撇开专业能力去谈收入。不瞒您说，我也试过买股票买理财产品，但收益不大，而且我发现每一条赚钱的路径都需要专业知识的积累，而我对于投资领域一无所知。所以，我踏踏实实地把自己所在的专业做好做透，就是最有效的增值方式。"

2.怎样做，才能提升专业能力

每个人都想实现收入增长，有人选择开源，寻求各种钱生钱的方法。然而就像小高说的，不管你用哪条路径赚钱，都需要专业能力。把精力花在其他地方，必然会分散掉提升本职专业的精力，表面上看是开源了，但你可能因此失去了在专业上长期发展的机会。

比如，小 C 和小 D，同样是从事产品经理的两个人，小 C 为了提升收入，每天利用业余时间兼职配音，小 D 则利用业余时间去学习各种职业相关技能，比如编程、项目管理。一小段时间之后，小 C 确实比小 D 赚得多一些。但如果我们把观察的维度放到几年以后，相信小 D 已经在专业能力和行业竞争力上远超过小 C 了，收入也会产生差距，而且随着时间的推移，差距也会越大。

还有人实现收入增长的方式是节流，把核心放在"少花钱"这件事上。养成储蓄习惯当然是值得提倡的，不过要注意的是，我们得甄别哪些地方该省，哪些地方不该省。尤其是处于职业上升期的朋友们，千万不能为了储蓄，就省掉原本应该投资在专业能力上的钱，否则可能会因小失大。

怎样判断哪些钱属于专业能力的投资呢？

首先，可以通过资产的贬值或增值来判断。例如花两万元钱购买的鞋子、包包等物品，实际价值会随着时间的推移而贬值。相反，如果用同样的钱来报个培训班，考取一个业内认可的、有含金量的证书，就可以让能力增值，带来长期的回报。

其次，可以通过周围环境来判断。当外部出现经济波动和行业变革时，可以反推一下：拥有什么样的技能，才能让自己在面临裁员、公司破产等风险时，更容易找到新机会，更好地适应变化？想清楚这个问题，就能明确投资自己能力的方向了。

另外，如果一件事情能让你得到成长感和满足感，也值得投资。比如：找一家不错的健身房，定期去锻炼；每年列一张旅行清单，抽空出去看看世界；发展一些让自己内心得到放松和愉悦的小爱好，像是音乐、陶艺、徒步等。这些事情看上去和提升专业能力没太大联系，但它们是良好生活节奏的组成部分，同样不可或缺。

过去当我们说到投资的时候，总是第一时间想到买不动产、买股票理财产品，通过杠杆撬动更多的财富，似乎投资是一件复杂而高门槛的事情。然而，当你这么想的时候，也同时忽略了自己的主观能动性。比起其他类型的投资，投资自己的能力，是一件更加具备长远价值的事情。

3. 影响专业能力的三大因素：体量、资源和趋势

除了以上几种投资专业能力的方法之外，还有两个重要因素会影响我们的专业能力发展，那就是公司规模和行业趋势。

有人认为大公司好，因为平台大，福利完善，能最大限度地放大人的势能。有人认为小公司好，可以快速提升综合能力。

体量、资源和趋势是我们做职业选择时需要考虑的三大

因素，结合个人的发展阶段和成长需求，我有三个建议：

第一，为职业履历加分。

普遍观点认为，选择在大公司工作，可以获得丰富的资源，如培训、设施和技术支持，从而有更多机会提高专业技能。这有一定道理，但我在 25 年的记者和创业生涯中，接触过各种类型的公司，在我看来大公司最大的价值是两点：一是给你的职业履历加分，大公司是在最优秀的简历中筛选员工，且标准严苛，如果能够被选中，本身就意味着你拥有更优秀的职场背景，成为你的履历背书，提高未来就业的竞争力；二是给你带来未来 20 年的人脉关系基础，大公司员工数量多，在工作过程中，你有机会与来自不同背景和领域的同事建立联系，拓展人脉，增加未来的职业机会。

第二，为专业资源加分。

最近 5 年，职业越来越细分，有很多行业排名前列的公司，人数并没有那么多，规模却不小。比如，我曾经接触过一家做版权运营的公司，这家公司参与制作过很多大型影视项目，人数却不到 50 人，很紧凑高效。在这样的公司，你更容易接触到核心资源，用较短的时间完成专业积累，而不必像在大公司那样，只成为某个具体领域的"螺丝钉"，公司资源虽然多，但并不缺少你这个人。

另外，选择在小公司工作，因为人员较少，工作内容更加多元，这可以帮助你培养全面的职业技能和适应性，有机会直接面对更多挑战，也有助于提高沟通协作能力和领导力。

第三，为行业趋势加分。

除了公司规模，行业趋势也会影响个人专业，成熟行业和新兴行业也各有优势，不能一概而论哪个好，或哪个不好。

首先，成熟行业有较为明确的发展路径和需求，比如互联网行业的产品经理，针对不同的用户，有不同的职业能力要求，因此你可以有预期地获得专项能力提升。其次，成熟行业拥有更丰富的行业资源，如培训课程、专业组织和研讨会等，这也有助于你提升专业水准。

假如选择新兴行业，则有更多机会实现本质的飞跃，因为新兴行业通常具有很高的创新性，你有机会参与创新项目，挑战思维和技能。另外，新兴行业对人才的需求量较大，愿意为拥有相关技能的员工支付更高的薪酬，这也意味着你有机会获得更高收入。同时，新兴行业处于高速发展期，会有更多的职业空间和晋升机会。

行业趋势和公司规模，会从不同角度影响我们专业能力的提升。有一点可以肯定：无论大公司还是小公司，成熟行业还是新兴行业，这都不是一道判断题，没有对错之分，而是一道选择题，你需要做的是契合自己当下能力发展需求的选择。

画重点

持续投资专业能力，不仅是为了提高收入、获得职业成就、提高行业认可度，更是为了培养我们终身学习的态度。

在这个瞬息万变的世界，新技术和新知识不断涌现，时时更新自己的思维和能力，适应新变化，应对不确定性，才会获得更多确定的幸福。

大财富，靠乘法

你曾经羡慕过一些"财运"特别好的人吗？甚至认为财运是冥冥中的注定？

致富的确需要运气，但运气不会永远在。

1."开财运"有效吗？

我和两个"95后"同事吃饭，吃到一半，男生手腕上佩戴的一串红色珠子引起了我的好奇。

"这是什么流行的饰品吗？"我问。男生把串珠脱下来递给我看，一边神秘地说："这个啊，是开财运的，大师帮我算过了，说我今年财运不佳，需要加持。""这个不便宜吧？"我又问。男生轻描淡写地回答道："两千八，其实不止手串呢，还有放家里财位上开运的，一套算下来八千多吧。"

我吓了一跳，赶紧小心翼翼地将串珠递还给他。

这时女生说话了："我看星座运势上说，巨蟹星座今年的财运也不太好，我也买了个开财运的。"说完，她拿出一枚长得像香囊的东西。

现在的年轻人开始依靠迷信致富了吗？我觉得不是，至少我接触过的大多数都比较努力，也很有自己的想法。可能正是由于自身已经尽力，财富增长速度却很慢，导致他们认为"财运"有高低，在低谷的时候需要借助外物"加持"。

在社交媒体上，我们又时常能看到很多"财富神话"的案例，诸如："95后"创业一年，公司估值一个亿；某年轻高管两年晋升副总，加上期权年薪上千万；某位打工人买彩票中特等奖，一夜实现财富自由，等等。

案例中的这些人仿佛被幸运女神附体，掌握了财富密码。这让无数普通职场人更加觉得，运气在致富过程中可太重要了。

我不否认运气的存在，但它实在稀缺，而且无法通过学习就能够掌握和运用，在那些获得财富增长的人当中，或许有人的确有运气加持，但绝不仅仅有运气——每个人所处的行业、个人能力、发展时机等，都非常重要。

2. 财富和人生都是乘法

硅谷知名投资人、创业家纳瓦尔·拉威康特的"乘法"

观点，带给我很大启发。

纳瓦尔出生于印度，童年时跟父母移民到美国。后来父母离婚，纳瓦尔和哥哥跟着母亲一起生活。虽然家庭不富裕，但纳瓦尔以优异的成绩考上了常青藤名校达特茅斯学院，学习经济和计算机科学，并在大学毕业后，进入了科技行业。1974年出生的纳瓦尔，创办过几十家公司，投资过上百家企业，其中包括广为人知的推特、优步等。44岁时，纳瓦尔被评为"年度天使投资人"。

从家境普通的少年到财富自由的硅谷投资人，纳瓦尔在回顾自己的成长经历时认为：人生不是加法题，今天加一点，明天加一点；而是乘法题，当下的每一个小举动，乘以一个很大的数，那么整道题的运算结果，会成倍往上翻。同样，财富也是如此。

他在《纳瓦尔宝典》这本书中提到一个投资的案例：决策正确率为80%的人和正确率为70%的人相比，虽然正确率只高10%，但多数公司都会以更高的薪资去选择前者，而且这家公司的规模越大，它为了这10%的判断力差异所付出的薪资就越高——这就是乘法的魅力，也是威力。

举个生活中的例子，假如你是一名销售，以目前的能力只能接触到一些普通客户，谈成一些小额订单。但是，随着资历和资源的提升，你的商务范围进入更高阶层的资源圈，接触到很多中型客户，甚至大型客户，那么，你产生的价值增量会被指数级放大，你的品牌、口碑也会获得质的飞跃，而不仅仅是订单变多了而已。

通俗来说：小额财富可以通过加法一点点累积，但大额财富一定来自规模。

如何实现规模增长？普通人也可以吗？纳瓦尔常用的概念就是——杠杆，杠杆帮助我们做乘法、实现规模化的增长。

常见的杠杆分为三种：

一种是"劳动力杠杆"。你开了一家公司，原本你一个人用十天才能完成的工作，现在有五个人，两天就做完了，你付给员工薪酬，以提高工作效率，自己也因此获得更大的收益。即使你没有创业，而是在某个行业中担任了管理者，这时你的效能就不再是个人独创，而是带领团队去创造价值。

第二种是"资本杠杆"。你有100万资本，可以投入公司扩大规模，也可以用这100万去入股其他公司，资本为你撬动更大的利润，更长远的发展。沃伦·巴菲特这类靠投资起家的富豪，都是通过资本杠杆创造了巨量财富。即便是一位普通人，他所拥有的货币资金或者存款，都是能量大小不等的杠杆。

第三种是"复制边际成本为零的产品"。书籍、媒体、电影、代码，都属于这类杠杆。这种新形式的杠杆创造了很多亿万富翁，扎克伯格、比尔·盖茨、乔布斯等，他们的财富都源自基于代码的杠杆。从 2021 年开始，在面向年轻人的职业调研中，"博主"或者"主播"都成为热门，这来自其背后的"杠杆效应"——某位博主把自己的经验做成了一门课程，放在平台上售卖，产品只需要制作一次，但它可以被售卖无数次。这一类杠杆最重要的特点就是，它的形式更多样，写书、录播客、做产品、做短视频账号……这些事情只要你想做，就可以立即动手。

3. 千万不要低估小努力

有人会觉得，杠杆应该是以小博大啊，为什么需要做这么多琐碎、辛苦的事情呢？

如果这样理解杠杆，就陷入了误区。

"杠杆"不是一劳永逸，以上三种类型的杠杆要么需要资产，要么需要人力和创造力。而维护杠杆、持续发挥作用，则需要管理能力、投资眼光、精力、时间等多种条件共同参与。在这个过程中，运气只有和过硬的实力相互结合，并经过时间的酝酿，才能爆发出作用。

作为普通人，想要打造属于自己的杠杆，就要借助复利效应，甚至，在纳瓦尔看来，生活中的所有回报，几乎都来自复利。复利是指在计算利息时，某一计息周期的利息是由本金加上先前周期所积累利息总额，这种计算利息的方式也就是我们通常说的"利滚利"。它的特点是时间越长，越能放大微小的增长效应，举个例子：假如本金是10万元，每年增长5%，复利计息20年，本息合计就是26.5329万元，这是一个很可观的数字吧？即便每年的增长幅度并不大。

这两年有个流行词叫"抄作业"，美妆博主用的产品，大家都愿意跟着购买；穿搭博主示范的穿法，大家都愿意跟着尝试，这在某种程度上为我们减少了试错成本。但在财富增长方面，"抄作业"有时候并不那么管用。

我听朋友抱怨过，赚钱太难了，跟着几十万粉丝的大博主买理财产品，结果亏得本金只剩一半。出于好奇，我也去看了看这位博主的视频，他把自己购买的收益率在15%以上的理财产品做了盘点，给大家提供理财参考。然而，值得注意的是，他持有这几支理财产品的时间都在两年以上，买入时间点不同，持有周期不同，收益率肯定不同。因此，靠"抄作业"迅速积累财富，就像这篇文章开头的"招财吉祥物"一样，只是一种心理安慰。

财富自由者，大多经历了漫长的时间和多次决策，以我们熟悉的著名投资家沃伦·巴菲特先生为例，根据胡润全球富豪榜 2022 年的数据，他当时的资产约为 7500 亿元人民币。很多人都以为，身为投资家的巴菲特是靠"赚快钱"的方式实现了财富的巨量积累，其实，他 99% 以上的资产，都来自 50 岁之后的积累。

据统计，20 岁出头的巴菲特仅拥有两万美元的资产；30 岁，他成为百万富翁；56 岁时，巴菲特进入了亿万富翁行列，在随后的三年内，他的资产翻了近 19 倍；如今，个人财富达到了千亿美元的巴菲特，已经 90 多岁。

从财富和时间的增长曲线来看，运用复利效应"慢慢变富"，才是巴菲特践行多年的方法。亚马逊创始人贝索斯曾问他："你的投资理念只有简单的几句话而已，为什么没有人复制你呢？"巴菲特回答："因为没有人想要慢慢变富。"

的确，我们有时宁愿相信"开财运"的吉祥物，也难以接受：能力 x 时间 x 机会，才是真正的财富积累方式。

画重点

从家境普通的少年，到财富自由的硅谷投资人，纳瓦尔在回顾自己的成长经历时认为：人生不是加法题，今天加一点，明天加一点；而是乘法题，当下的每一个小举动，乘以一个很大的数，那么整道题的运算结果，会成倍往上翻。同样，财富也是如此。

小而美，很务实

不是每个人都有能力干大事，把身边的小事做到美好，也是务实的财富之路。

1. 别挣不了大钱，还看不上小钱

我家旁边的菜场里，有个摆摊卖煎饼果子的阿姨，我特别喜欢吃她家的煎饼果子。阿姨是纺织厂的退休职工，做事干净利落，食材也很新鲜。她记性特别好，能记住每一位老客的口味，像我不吃香菜不吃辣，她从来没弄错过。菜市场旁边有两所学校，每天上学和放学时间，都有大量学生和家长经过，因此阿姨的生意一直很好。

有一次我好奇地问阿姨："煎饼这么受欢迎，有没有想过把摊点扩大，改成早点铺子，多雇几个人啊？"

阿姨一边做煎饼一边跟我算账：她每天出摊两次，一次是早上六点，一次是下午四点半，一天能卖掉大约 350 个煎饼。平均每个煎饼卖 6 元钱，一天营收 2100 元，毛利大约是一半，全年只有春节期间休息，粗略计算，一年能有十多万的净收入。开早点店，看上去挣得多，但是投入的成本和精力也大，算下来不一定比做煎饼摊多赚多少。

我想了想，也确实如此，附近开过好几家挺大的早点店，陆陆续续都转让了，唯独阿姨的煎饼摊还一直在。

"一年收入还是蛮可观的，就是人要辛苦点。"我说。

阿姨笑了笑说："我家孩子也这么说，觉得是辛苦钱，不想让我出来挣。其实我跟老伴的退休工资也够日常开销，但是，我每年多挣一点小钱存下来，万一要花大钱，日子就不会紧巴。人总不能既赚不了大钱，又看不上小钱，对吧？"

阿姨的话让我很受触动，真的是这样啊，周围但凡能挣钱的人，不会看不上"小钱"，能挣"小钱"的人，日子都过得不错。

经历过经济高增长时代的人，会有一个思维惯性：明天会比今天好，明年一定比今年赚得多，市场一定会越做越大。可是，当经济增速放缓，如果我们还抱着高增长时代的赚钱思维，盲目扩张，大概率会失望，甚至损失惨重。低增长时代，先让自己保持盈利，才是首要考虑的问题。

2. 比起盲目扩张，赚钱能力才是第一位

阿姨"踏踏实实挣小钱"的经营思路，用流行的说法叫作"小而美"。

萨希尔·拉文吉亚的代表作，也叫《小而美》，副标题是"持续盈利的经营法则"。他是个来自美国的"90后"，创办了一个专门帮创作者卖作品的平台。《小而美》写的就是萨希尔的创业经历，以及他的思考。

创业初期，他非常有野心，目标是要打造一个十亿美元级别的独角兽企业。他的赛道不错，加上一定量级的市场需求，开始进展很顺利，网站投入使用的第一天，访问人数就高达五万多人，他也因此获得了八百多万美元的投资。

拿着投资人的钱，萨希尔开始扩张公司规模，寻求更高速的发展。很快这些钱就花光了，之后有大半年的时间，他一直在想办法筹措更多的资金，但都失败了。无奈之下，他裁掉大部分员工，只保留了几名核心人员，甚至搬离了硅谷。

冷静下来后，萨希尔认识了一些新朋友，这些朋友给出了不一样的见解，他们认为，平台能给很多创作者提供需要的服务，目前还处于盈利状态，这已经够好了，应该持续运营下去，不要着急追求扩张。

年轻气盛的萨希尔无法理解这种想法，毕竟在硅谷，"做

大做强"是每个创业者都有的梦想。后来，他慢慢意识到，问题不出在公司，而在于自己——考虑扩张的同时，更要考虑到市场需求，公司现有的规模已经与目标市场很匹配了，有成千上万的创作者在这个平台卖自己的课程、电子书和软件，而他要做的，是服务好现有的这部分用户，并非一味扩大市场。

想清楚后，萨希尔决心把精力放在怎么给创作者们带来更多价值上，后来的收益也很显著。2020 年，他为平台上的创作者创造了 1.4 亿多美元的收入——比 2019 年增长了87%。同时，平台自身的收入也超过了千万美元。

业务经历了这一系列的起落，萨希尔进行了深度的反思，他觉得：相比于一味追求成为"独角兽"，创办一家小而美的企业，是一种更切实可行的思路。小，指的是规模；美，指的是特色，是一种精细化运营、做到极致的状态。小而美经营思路的核心，是赚钱能力第一，不盲目追求扩张，尽一切力量盈利。

就像那个卖煎饼果子的阿姨，她很清楚自己最擅长的事情是什么，把优势做到极致，就能持续盈利。假如只看到规模，扩大店面，扩充品类，反而会失焦，丢掉了原本的核心竞争力。

我们无论开拓新事业，还是在组织里任职，小而美的经营思路都有助于我们找到焦点，更有效率地盈利，并且缓解所谓"做大做强"的焦虑。

3. 把自己活成一个解决方案

既然盈利能力如此重要，如何找到路径，并且持续盈利呢？萨希尔在《小而美》这本书里的答案是：把自己活成一个解决方案。

这一点我深有感触。我们公司曾经招聘一位商务总监，候选人当中有位意向人选，她的能力和口碑都不错，尤其擅长社交。但是我和人力资源总经理都觉得她还差点什么，思考再三，觉得她欠缺的就是"解决问题的能力"。

在我看来，商务总监需要有四项核心能力：

第一，自己拥有积累多年的客户资源。

第二，规划、开拓和运营商务业务的能力。

第三，针对不同客户提供商业方案的能力。

第四，带团队的能力。

而这位应聘者，她拥有特别强的社交能力，但解决问题的专业度不够，她的特长在互联网企业中作用很有限，因为大家更讲究效率和实际利益，而不是情绪价值的提供。

现在的市场，能够让人产生付费意愿的，大多是那些能解决特定问题的好对策或好工具。所以，让你自己、你的产品或你的公司，成为一个特定的解决方案，才是具象化的赚钱能力。

很多人一听到"解决方案"，会下意识觉得很难，其实它体现在很多细节和小事里。

前两年我加了一个送水果小哥的微信，他自己做批发，果源优质，送货及时。有一次，我买了一箱五斤装的车厘子，回来尝了一下，觉得脆度不够，就跟他说了两句。没想到，第二天他直接给我换了一箱新的，当时一箱车厘子的价格大概四百多元钱，而且市面上的品控做得参差不齐，很难每次都买到合意的，他卖的车厘子质量其实已经算很不错的了。即便这样，他也没解释，只是立刻帮我解决了问题。从那以后，我家的水果都在他那里购买。

小哥还有个特点，就是会根据不同的价位和场景，帮用户搭配水果。比如，两百元钱的过节果品和两千元钱的公司团建福利，他会搭配出两种完全不同、但又非常合适的水果组合。自家人过节吃的水果，他主要挑选一些当季的时令水果，同时考虑到老人和小孩，会加入一些类似于香蕉、橙子这样的普适度高的水果。公司团建，他会着重选择年轻人爱吃的水果，比如芒果、青提、草莓；有些不方便分食的水果，他提前切分好，配好餐具，便于取用；考虑到女孩们可能有拍照需求，他还会配一些好看的果切。

其实，做到这些，不需要很高的技术含量，也不需要太多资本和资源，但恰恰就是这些简单的行为和细节，做好了，就显得与众不同。

市面上水果店众多，比这位小哥规模大的店更是数不胜数，但少有像他这样具备解决问题的能力。他家的价格要比其他水果店高出 10% 左右，老顾客们却心甘情愿地接受这个溢价。几年过去了，他用微信私域运营，获得不少企业级客户，成了当地首屈一指的水果供应商。

他的水果店就是一个"小而美"的典型——规模小，但是充分地融入一个细分社群，在社群中寻找要解决的问题，把经营和服务做到极致。

我们每个人的资金、资源、能力和认知都是有限的，想要在有限的条件下实现可持续发展，就要找到"生态位"，挖掘出自己独特的价值，才能做成自己的"小而美"。

无论目标有多远大，首先踏踏实实具备盈利能力，有利润的小事业，就像是一只小船，即便很小，也能慢慢载着你去往更远的地方。

等到时机合适，再换上大船，既安全，也稳妥。

--------------------------------- 画重点 ---------------------------------

小，指的是规模；美，指的是特色，是一种精细化运营、做到极致的状态。小而美经营思路的核心，是赚钱能力第一，不盲目追求扩张，尽一切力量盈利。

经历过经济高增长时代的人，会有一个思维惯性：明天会比今天好，明年一定比今年赚得多，市场一定会越做越大。可是，当经济增速放缓，如果我们还抱着高增长时代的赚钱思维，盲目扩张，寻求暴富的机会，大概率会失望，甚至损失惨重。低增长时代，先让自己保持盈利，才是首要考虑的问题。

富有的人不仅会做事，
更懂得把事交出去

这是属于"超级个体"的时代。

但是，个人的能量终究有限，无论是效率的提升，还是财富的扩容，都需要"团队作战"。

1. 一个人走得快，但一群人走得远

我们公司，是个 20 人的团队。

朋友好奇地问："你们作家也要团队？一个人写稿子不行吗？"

还真不行。因为当代的"作家"，不只是坐在家里写，还要处理很多事务。比如，读者群要维护，公众号、视频号、小红书、抖音、快手等平台的自媒体账号要维护，发新书要做品牌宣传，视频得拍摄，版权要处理，要做图书直播，图书推荐时要选品，还有行业和商业活动要参加……你看，是不是颠覆了原来的想象？

我每天早上 4 点 45 起床，写作两小时，跟家人吃完早饭，再去上班。

这个习惯保持了很多年，却依然觉得忙不完。尤其近几年，随着工作内容的变化，我除了写作，还要投入大部分精力在视频拍摄上：写脚本、拍片、参与后期制作等。但精力有限，我虽起得比别人早，但我睡得也早，22 点 30 一定要睡觉。

无论多么精打细算，一天除去吃饭、睡觉的时间，我最多只有 10 到 12 个小时的有效时间能用来工作。所以，你看到的文字、视频、直播，需要我们团队共同努力才能实现。据我所知，在拥有一定的作品和读者之后，"作家"这个职业，都需要团队，即便是三五个人的工作室，也是高效合作的状态。

从我做自媒体的第一天，就有两位靠谱的伙伴一起协助我发公众号文章，共同回复读者问题。后来，用户越来越多，期望看到更多不同风格的内容，我们慢慢建立了编辑团队，紫宸、罗拉、Tracy、凌航、煜晴等，都是团队里特别被大家喜欢的作者。

团队的优点在于，每一个人的成功经验，都能快速分享给其他人，沉淀成无形的团队资产，提高工作效率。尤其这些年，我身边有很多优秀的创业者，他们单兵作战的能力很强，但是缺少团队运营，习惯于自己把所有事情安排妥当，这样虽然早期跑得快，但是很难跑得长，跑得远。

现代社会的行业趋势变化很快，企业不仅重视踏实努力的人，更重视带领团队，创造更多资源、规模和成果的人。

运用集体智慧，能够获得个人无法达到的成就。

2. 发明大王爱迪生，擅长团队作业

在建立团队的过程中，爱迪生的思路和经历，给我很多启发。他的名字似乎和"电灯"紧紧联系在一起，但第一个发明电灯的人，真的是爱迪生吗？

不是。

让我们梳理一下时间。

1854 年，美国人亨利·戈培尔用一根碳化的竹子丝，在真空的玻璃瓶中实现了通电发光，最高维持照明 400 小时。

1860 年，英国人斯旺发明了白炽灯的原型——半真空碳丝电灯。

1874 年，加拿大的两名电气技师在玻璃泡里充入了氮气，用通电的碳杆实现了通电。

到了 1879 年，爱迪生找到了当时最好的灯丝材料——碳化的棉丝。

我们可以看到，戈培尔、斯旺和加拿大的两名电气技师，都做过与电灯相关的实验，而且都早于爱迪生发明电灯的时间，但是，为什么大家最终记住的是爱迪生呢？

原因五花八门：戈培尔只顾着做实验，没有及时申请专利；加拿大的两位电气技师，研究到一半，资金不够，只能把专利卖了，而买专利的人正是爱迪生；斯旺比爱迪生早 20 年发明了白炽灯的原型，但由于真空技术的局限，他发明的电灯寿命很短，一直没办法被大规模应用。

爱迪生在买来的专利基础上，吸取了各国发明家的经验，尝试改良灯丝。他实验了 1600 多种材料，做了几千次实验之后，终于找到更便宜、更耐用的灯丝，从而让电灯走入寻常百姓家。

为什么世界各地那么多发明家，既有才华也有想法，又都在研究电灯，唯独爱迪生成功了？

因为爱迪生不仅自己专业性强，而且有一个强大的团队。

大众印象里的爱迪生，是发明家、物理学家，但很多人不知道的是，爱迪生还是个企业家。

爱迪生的实验室位于美国新泽西州一个叫门罗公园的小镇上，实验室团队包括：工程师、机械师、物理学家等岗位。核心成员有14个，主要负责做实验研究。爱迪生负责对接客户和金主，以及出点子。爱迪生为了测试1600多种灯丝材料所做的几千次实验，其实都离不开团队的参与和帮助。那么问题来了，养团队是需要钱的，爱迪生从哪儿来的钱呢？这就要说到爱迪生背后的投资人——大名鼎鼎的美国银行家摩根了。

1879年，在发现碳化棉丝可以用来给电灯做灯丝之后，爱迪生迅速成立了爱迪生电力公司。

摩根非凡的商业远见，让他看到了爱迪生的发明背后的无穷潜力，既改变世界，又蕴含着无限商机。于是，摩根在同年入股了"爱迪生电力公司"。在充足的资金支持下，爱迪生雇用了卓越的科学家加入团队，一起做科研，极大地提升了效率。与此同时，爱迪生还直接买了不少有前途的专利。

摩根不仅给爱迪生直接的资金支持，还为他的商业化之路做了铺垫。

在找到合适的材料之后，爱迪生的电力公司打算把电灯投入量产。考虑到要普及电灯，就必须铺设电网，于是摩根立刻开设了一个铜业公司，组建出完备的电力供应系统。有了这些基础设施作为保障，爱迪生的电灯很快被广泛应用了起来。

这就是为什么我们说到电灯总会第一时间想起爱迪生的原因，那是因为，他是第一个通过建立发电机和发电系统，真正把电灯商业化的人。爱迪生和他的团队，让千千万万普通家庭用上了电灯。

3. 善用团队和资源，提高效率，拓展财富边界

从电灯的发明史可以看到：即便拥有技术和想法，没有团队和资源的支持，个人的力量始终很有限——就像1875年，那两个把电灯专利卖给爱迪生的加拿大电气技师。

个人的能力和影响力总是有边界的，想要突破边界，就需要我们去建立一支高效的团队，或是让自己置身于高效的团队当中。

很多创业的伙伴，在初期就把自己累得够呛，做了很长一段时间，业务规模也没有增长。他们做事能力很强，但是缺乏把"事情交出去"的方法。我经常听到一些创业者说："我的团队成员执行力不够，很多小事都办不好，需要我来解决。"当团队在执行时出了问题，他们考虑到沟通需要时间，

别人再做一次也不一定能做好，就往往选择了自己上手。

凡事自己来，看上去是最快速的解决方法，但是，会把所有的大事、小事、杂事、难事都变成你一个人的事，个人的精力和时间终究有限。

管理学领域有一个经典理论，叫作"背后的猴子"，就是形容这种状况的。

所谓的"猴子"，指的是"下一个动作"，我们可以把它理解为"to do"，即待完成事项。如果下属遇到任何问题，管理者都选择自己亲自解决，那么管理者就等于把所有的猴子都背在了自己身上。长此以往，会导致管理效率降低，团队绩效水平下降。

"猴子管理法则"是在提醒团队管理者，要选择合适的人在合适的时间，用正确的方法做正确的事情。

这并不是推卸责任，因为管理者也有自己的"猴子"。只有在大家各司其职的前提下，管理者才能有足够的时间去做规划、协调、创新等其他重要的工作。

其实不仅是管理者，团队中的普通成员也常常会陷入"替别人背猴子"的情境中。而且大多数情况下，是我们自己主动背上了别人的"猴子"。

想想看，当别人遇到难以解决的问题过来求助你的时候，你是不是经常为了避免来回沟通的麻烦而选择了直接替别人解决？当关系好的同事拜托你帮他处理一件棘手的事情，你是不是碍于面子不好意思拒绝？

这些心态都会造成我们背负过多的事务，而降低自己工作的效率，甚至无暇思考职业上更深层、更长远的事情。

如果你是管理者，就需要认真研究"猴子"到底是如何从员工的身上跳到自己身上的，把事情交出去，让自己的精力集中在团队的管理上。

如果你是团队的一员，则要明确自己和他人的边界。初入职场的几年非常宝贵，是用来打造自己核心能力的时期。你要做的是在团队里树立协作意识，在高效的协作中不断强化能力，成为团队的支柱，而非事事替人分担。

爱迪生之所以能够成为"发明大王"，拥有 2000 多项发明，创造科技和财富价值，并非全凭一己之力，而是因为他擅长组建团队，搭配资源，借力打力，不断突破边界。

在行业规则不断变化的当下，希望爱迪生的故事能带给你一些启发，不仅拥有"把事做成"的能力，也拥有"把事交出去"的智慧，不仅提升效率，更是给财富扩容。

个人的能力和影响力总是有边界的，想要突破能量和财富边界，就需要我们去建立一支高效的团队，或是让自己置身于高效的团队当中。

找准自己的赚钱节奏

人在什么年龄、什么阶段赚钱最多？答案肯定不一样。
这也说明，每个人都有自己不同的赚钱节奏。

1. 下山路，慢慢走，别求快

2020 年到 2023 年，很多人亲身经历了生病和工作停摆，不论男女老少，生病时，都需要同样的时间和耐心，等待免疫力的恢复。

我身边有一位姑娘，为了拼绩效，居家期间坚持带病工作，每天加班。一段时间后，大家都复工了，她迟迟没有康复。后来好不容易恢复，身体状况大不如以前。她对我说："筱懿姐，我也想休息，可是我们公司主要做线下业务，这两年业绩受影响，已经优化掉很多人，我所在的部门，今年有一个重要指标始终表现不理想，如果不在年底冲一波，今年整个部门可能都要重新洗牌。"

我特别理解她，所以知道她这样做其实没有用。

这三年对我们公司影响巨大，作为一个作家，书店不开门，读者会做不了，肯定是非常大的打击。刚开始我也和她一样，因为工作计划被打乱，根本不可能完成原计划，而陷入疯狂的焦虑——毕竟公司开着，就得有开销，而没有进账就得动用备用金，甚至关门停业。我经历痛苦的思考，逐渐说服自己：既然不确定因素是客观存在的，短时间内也不会消失，那就先做好我能决定的部分，增强确定性——这是一段每个人都受影响的下山路，我自己想加速跑下去，只会摔成重伤。

在日常工作之余，我把健身和阅读提高了优先级。我增加了去健身房的频率，如果不能出门，就在家里运动。居家期间有大段时间可以深度阅读，趁这个机会，我把书单里积攒已久的书目全部看完了。我算了一下，三年来一共读了715本书，远远超过以往任何时间段。

除了深度思考，我的体脂率也从26%降到18%，精力更充沛，同时我也明显感觉到自己的心态在变化，因为我重新找回了生活的节奏感。那段时间给我带来最深刻的体会是：生活也好，工作也罢，都不是一局定输赢，而是一场持久战。过程中，经历低谷和失焦，是正常现象。我们必须学会把"低谷期"变成"增值期"，或者"过渡期"，重新调整节奏。这样，当外部环境重回正轨，才有足够好的状态去迎接新生活。

2. 一是方向，二是目标，三是节奏

现代社会注重结果导向，人们更注重"方向"和"目标"，因为这与事业生活的水平相关，"节奏"却常常被忽略。

方向，是行动的朝向。比如，一个人读什么专业？找什么工作？在哪个行业深耕？

目标，是自己想达到的高度。比如，有人想要升职加薪，有人想晚上7点前到家吃饭，有人想和父母在同一个城市生活。有了目标，方向就会更具体，内心也更笃定。

节奏，是我们为了达成目标而制定的计划，还有实施这个计划的速度。比如，大概哪一年第一次升职，大约多少岁要孩子，花多长时间攒下房子的首付……

方向、目标、节奏，这三者逐层递进，缺一不可。

"把握节奏"听上去容易，做起来其实有难度。

一方面，这需要我们克服人性中的诸多弱点，懒惰、急于求成、厌恶损失，等等。我的健身教练就说过，每年在她手里办私教的学员，最终能坚持上完课程的，不到30%。

另一方面，假如出现不确定因素，或者重大变化，我们的节奏容易被打乱。这时，身心都需要时间适应，重新找回节奏。

2021 年，教培行业经历"双减"。我身边有一位朋友，是一家头部互联网公司的教培老师，离职后的很长一段时间里，她在朋友圈就像消失了一样。差不多一年以后，我发现她居然开了自己的化妆工作室。从教培教师到化妆师，这个跨度太大了，我很吃惊她怎么会这样转型。

她指着自己的眉毛说："筱懿姐，眉毛救了我呀。我从小就喜欢化妆，做教培时很多学员都觉得我简直可以做美妆博主，我甚至早就业余学会了文眉。这三年大家养成了戴口罩的习惯，但是眉毛会露出来啊，谁不希望扬眉吐气呢？所以，我休整了半年，开了这家'扬眉吐气'化妆工作室。这三年，隆重办婚礼的人很少，所以婚礼化妆，包括商业拍摄化妆需求都锐减，但文眉毛、做指甲的需求很大呀，我就把爱好变成职业，加上原来在教培行业积累的拓客经验和学员基础，毕竟，上哪儿找我这样能一边做指甲，一边讲英语，迅速看懂中英文资料，查询各类最新美妆信息，充满高级感审美，铆足劲儿更新迭代技能的美妆师呢？时髦小姐姐不要太喜欢我。"

真是一位让我吃惊的朋友，她的节奏变化太大，几乎完全更换了赛道。而细细想来，一切又在情理之中，她只是没有按照之前的轨迹向前走，而是整理出一条发挥自己独特优势的新路线。

3.35 岁到 45 岁，是我的黄金 10 年

35 岁，我做了人生最重要的复盘。

第一，梳理之前做过的所有工作，我做过秘书、人力资源和记者，最终确定自己对文字的专长，决定当职业作家、做自媒体，这能充分发挥我的经验、特长和阅历。

第二，梳理过往生命中，和我有重要链接的人，问问自己：我从他们身上收获了什么？付出了什么？我跟对方相处快乐吗？然后，远离那些让我疲惫的关系。

第三，搞清楚自己最讨厌什么事。我讨厌虚假的关系和应酬，我可以身体累，但不能心里苦。那就锻炼自己更全面的能力，以专业交换价值，而不去搞所谓的人脉。

现在，10 年过去了，我 45 岁，出了 9 本书，拥有全新的生活、事业和朋友，我发现 80% 的机会，甚至财富积累，都发生在 35 岁之后。35 岁到 45 岁，是很多女性重新认识自

己的黄金期——前提是，保证身体健康和心态稳定。

我身边那些具备节奏感，并且能随着变化不断调整的人，都很重视身体和心态的健康管理，不过分在意短期得失，用长期主义视角看待工作和生活。

OECD（经济合作与发展组织，简称经合组织，由38个市场经济国家组成）国家规定的法定退休年龄，平均水平是男性64.6岁，女性63.9岁，很多国家的退休年龄也在往后延。甚至在世界范围内，延迟退休已成为趋势。每个人都需要做好心理准备：职业，不只属于中青年时期，而将贯穿大部分的人生，每个人都必然经历多份工作，甚至多个城市、多次转行。

在这种情况下，如果要把握住获取财富的节奏感，身体健康和心态稳定是必备项。亚健康状态、厌工情绪、拖延症、假日综合征、惯性熬夜……如果你占了其中一两项，建议现在就开始调整，从最简单的、自己能做到的事情入手。比如，日常作息不必非要早睡早起，固定作息时间，按时吃饭、睡觉，给身体建立规律，身体也会给我们正反馈。如果有家庭生活，还可以和伴侣、孩子共同规定时间，一起做一些特定的事情，如每天晚饭后半小时出门散步，每周六进行户外运动，等等。

工作的安排上也可以多一些规律性。别担心做不到，当你有自己的规矩和习惯，并且有自己的成效，周围人一定更尊重你。我习惯把写作时间安排在早上起床之后，需要静心思考的事情一般放在上午，下午多半是开会，或者进行合作沟通。我也不会随时挂在网络上秒回信息，一般两个小时看一次手机，这让我拿回了自己精力分配的主动权，不会被动地让外界影响我。

在不同的场景里，建立起专属自己的固定规律，会感觉到很多事情是确定的，不会再焦虑，身体和内心都会形成正向循环。

最后，我列举一项专业数据。有学者发现，一个投资策略在一天里如果能帮助你挣到钱的机会是 50%，那么在一年里挣钱的概率就是 68%，如果把时间周期拉长到 10 年，赚钱概率就是 88%。

时间再长，这个数字还会上升。

既然我们都认同生命是一个很长的周期，就努力规划好每个阶段，灵活调整节奏，让自己在多变的世界里度过那些低谷期，找到自己的黄金期。那些能让我们在赛场上停留更久的因素，就是在增强财富优势。

画重点

日常的生活和工作有了节奏感，就等于拥有稳固的基本盘，建立节奏感并不是把每件事、每个小时都固定住，而是在紧绷和松弛之间交替，做到张弛有度。生活也好，工作也罢，都不是一局定输赢，而是一场持久战。过程中，经历低谷和失焦，是正常现象。我们学会把"低谷期"变成"增值期"，或者"过渡期"，重新调整节奏。这样，我们才能够把握自己的"赚钱节奏"，有机会变得身心富有。

身弱不担财

有句谚语叫"身弱不担财"。

其实,身体弱,才华和财富都是担不住的。

1. 人生是场长跑,拼的是好身体

我 40 岁开始健身。

每周 4 次,每次 60 到 90 分钟,在健身教练指导下锻炼。即便没有教练的陪伴,或者出差在外,我几乎每天都会做一些保持性训练。很多朋友不能理解,说:"你哪来这么多时间和这么大劲儿去健身呢?"我的确也得挤时间,能坚持下来并非自律,而是病痛的逼迫。

40 岁时,我查出严重的颈椎病,由长期伏案工作导致。那一年,我的体重也在两个月里增加 4 公斤,体能明显不如从前。当时,团队里还有一位 20 多岁的女孩,出现腰肌劳损进一步恶化,经常要去给腰椎做牵引。自己和身边人的经历让我意识到:假如我希望生活和工作质量更高,好身体才是最大的基础。

不知不觉，我减少了购买服装、首饰、电子产品等消费支出，转而在健身、学习英语这种学习和体验上增加支出。

健身带给我的附加效益是调整饮食结构，都说"七分吃、三分练"，控糖控油、早睡早起，加强对优质蛋白质的摄入，完全戒掉零食，让我在体检时各项指标明显变得更健康。甚至，我出差也带着健身小工具，优先选择健身房设备更完善的酒店，也利用碎片时间运动。6年后，46岁，我的精气神甚至比36岁更好，生活和工作进入良性循环。

运动除了让我拥有更好的体能和精气神，完成连轴转、高负荷的写作、出差、直播、视频拍摄等，还为我带来了意外的拓展：很多品牌看到我在短视频和文字中倡导的生活方式，认可我的"健康管理"，也认同我提出的"爱知识，也爱美"价值观，我和团队在创作之外，也与很多优秀的日化、电子、服装、养生等品牌合作，经营模式迅速打开。我在健康方面的投入，居然"变现"了，真的带来了"经济收益"，而隐性价值就更不用说了。

作为一个中年人，我是身边至亲的依靠，我的健康也是他们的支撑。有阵子，我们家的"团建"就是全家老小一起运动，游泳、打球、跑步、爬山、散步、郊游、旅行，虽然大家起初未必喜欢，但彼此拥有了更多聚在一起的时间，哪怕只是爬山或者郊游这种轻量活动，都无形中促进和升华了家人的感情。

说实话，人生过半，越往前走越发现，好的精力和体力管理，是我们能做成事情的基础。我偶尔感慨，像林黛玉一般多思多虑对身体不好，有再大的心气儿都没办法转化出来。虽然我很喜欢林黛玉，但在体力方面，还是更欣赏贾探春。在《红楼梦》的故事中，我可以想象探春远嫁，在人生的颠沛中适应不同际遇，尽自己所能开辟新天地，但我没法想象黛玉远嫁，只会担心船开到半途，医药条件跟不上，黛玉已然体力不支，才情和才华来不及发挥，便潸然离世。

短期拼智力，中期拼毅力，长期拼体力。人生是场长跑，到最后拼的都是好身体，当我们痛苦或者不知所措时，多运动，少内耗，是走出迷茫最快的方法。

2. 好好锻炼，相当于赚钱

很多朋友和我一样，人到中年病痛来袭，才恍然发现"生命在于运动"这句话是真的。

2020 年，《英国医学杂志》发布过一项研究，分析了近 50 万人的数据，并持续追踪了近 9 年，参与对象是 18 岁及以上人群，结论是：运动降低死亡率。

相对于缺乏运动，足量快走、慢跑等有氧运动可以降低 29% 的死亡风险；而充分的力量训练，例如举铁，能降低 11%；若两种训练量都达标，则可降低 40% 的死亡风险。

运动还能减少抑郁。科学家们发现，快乐的人确实比消极的人长寿 4 到 10 年。

2018 年，发表在《柳叶刀》上的一篇文章提到，牛津大学、耶鲁大学和麻省总医院等机构的研究人员，分析追踪了 2011 年—2015 年这 4 年间，超过 123 万人的数据，发现哪怕每周运动一个小时，缓解抑郁的效果也立竿见影。所有类别的运动都有一定的抗抑郁效果，多人团队运动效果最佳，能将抑郁天数减少 22.3%。骑车、有氧健身和慢跑，都能点亮心情，一些看上去并不是很剧烈的运动，比如瑜伽、太极、保龄球等，也能将抑郁天数减少 18.9%。更有趣的是，哪怕某些让人头大的看孩子、做家务、整理花园等劳动，也能够缩短 11.8% 的抑郁时间。

这篇研究还做了一个换算：运动带给人相关的情绪价值，相当于一年多赚了 17 万元人民币，或是高中后多读一个大学学位。

你看，好好锻炼可不就相当于赚钱了？

中国人的健身观念，早在战国时期秦国丞相吕不韦主持编撰的《吕氏春秋·尽数》中就有阐述："流水不腐，户枢不蠹，动也。形气亦然，形不动则精不流，精不流则气郁。"意思是：人的形体和精气（即生命力和活力）也是一样的，如果形体不活动，那么体内的精气就不会流动，精气不流动就会导致气血郁结。很形象地说明了运动与身体健康的密切关系。

北宋文豪苏东坡，也是"动以健身"运动观的实践者。他在给朋友程正辅的信中写道："晨兴疾趋必十里许，气损则缓之，气匀则振之，头足皆热，宣通畅适，久久行之，当自知其妙矣。"大意是：自己每天早上起来，要跑十里左右，气喘得急时就慢下来，气息恢复之后再继续加速，从头到脚都发热，血脉流通，四肢舒畅，如此这般长期坚持，就能体会到其中的妙处。

苏轼认为，对于人的身体运动而言，"善养身者，使之能逸而能劳，步趋动作，使其四体狃于寒暑之变，然后可以刚健强力，涉险而不伤"。

意思是会保养身体的人，既要能静，又要能动，既能安于清闲，又能承受劳累，唯有让身体经常运动，使之适应寒暑的变化，才能身强力壮，才不会轻易倒下。

尽管苏轼一生坎坷，屡遭贬谪，先后被贬到黄州（今湖北省黄冈市）、惠州（今广东省惠州市），最远到儋州（今海南省儋州市），依然在那个时代高寿到64岁，集儒、释、道于一身，医学、饮食、天文、地理皆通，诗词歌赋、琴棋书画全能，是中国文化史上名副其实的"全能冠军"。从运动中日积月累的品性，也影响了他处变不惊、进退自如的人格魅力，在遭逢困境时乐观豁达、百折不挠的人生态度。

假如没有好身体，无法想象东坡先生能有这般成就。

3. 身体和心理，同时强壮

据说，全世界范围的中青年富豪，都有两大爱好：工作和健身。

苹果CEO库克就被美国《财富》杂志盖章认证为"健身狂魔"，他每天凌晨3点45分起床，花一个小时时间阅读和回复各种邮件。5点前准时出现在健身房锻炼，以此保持精力充沛、头脑清醒和思维敏捷。除了工作之外，库克将大多数私人时间都用在了体育锻炼上。他喜欢橄榄球、自行车和跑步，还是个活跃的自行车骑手。

Meta 创始人扎克伯格，一直是一名跑步爱好者，他曾许下新年愿望："我要跑够 365 英里[1]，每天不间断！"结果只花了 6 个月，他就已经跑完了全年计划。扎克伯格说："我发现跑步是理清思绪，获得更多精力，以及找到时间思考，我在脸书（Facebook，Meta 前身）应对的挑战和我们公司哲学的绝佳方式。当我出行时，跑步是一种在一整天密集开会之前探索一座新城市、克服时差影响的绝佳方式。"

很多 CEO 们都已经把运动融入了生活方式，甚至有数据表明：公司的市值会随着 CEO 的肌肉含量，出现一定范围的波动。英国《卫报》提出："如今，二头肌的大小与银行余额的大小一样成为身份的象征"。

谚语说"身弱不担财"。

能承担财富的人，通常身体和心理都很强壮，事业成功的人都是精力和体力的超人，这一点不分男女，任何竞争到最后拼的都是体力和心力。

当然，所担的这个财，不是所谓狭义的钱财，而是一切可以为我所用的资源。

1　英制单位，1 英里 =1609.344 米。

身弱指的也不全是体弱，还有内在能量的缺失和不稳定。就像知乎上那个扎心回答：给你 500 万，你可能过得还不如从前。有人可能用 500 万去盲目投资，最后陷入负债焦虑；也可能肆意挥霍，在无尽的欲望中毁掉自己原本的生活。

说到底，一个人无法驾驭他能力以外的钱。不管天上掉下多大的馅饼，都有可能成为困住我们人生的陷阱。

而改善身弱，第一步、也是最重要的一步就是改善体弱，毕竟，日复一日、年复一年地坚持健康饮食、规律生活以及运动习惯，这份自知和自治，能给内心带来更多稳定感；这份"身心皆定"，能抵挡住世间的万般诱惑。

---------------------------------- 画重点 ----------------------------------

谚语说"身弱不担财"。

能承担财富的人，通常身体和心理都很强壮，事业成功的人都是精力和体力的超人，这一点不分男女，任何竞争到最后拼的都是体力和心力。

当然，所担的这个财，不是所谓狭义的钱财，而是一切可以为我所用的资源。

身弱指的也不全是体弱，还有内在能量的缺失和不稳定。

第三章

管钱高效率

学会管钱，是高级的断舍离。

而存钱，是最靠谱的投资。

妈妈和女儿，刷新我的理财脑洞

我看过不少理财书籍，大多是由专业人士写作，大部分案例都来源于财富自由者的经验之谈。这导致我在很长一段时间里认为，一个人首先得具备很好的经济基础，然后才有资格考虑"理财"。

或许你也抱有和我同样的想法，尤其是刚进入社会的年轻女孩，她们并不是不想理财，而是认为自己的经济状况还没达到需要去"理"的程度。

而我的两位亲人——妈妈和女儿，打破了我的成见，让我看到了关于理财的不同方式。

1. 妈妈和女儿给我上的理财课

我妈过生日那天，我回去吃晚饭，没有买礼物，而是给她包了生日礼金——因为知道她平时喜欢捣鼓理财产品，所以隔三岔五给她发点儿红包，也是孝顺的心意。至于能不能赚到钱，我不抱任何预期，只是希望她能借着这件事，多了解新闻和趋势，打开思维，让退休生活不无聊。

果不其然，我妈乐呵呵地收下，说："刚好最近看到一支行情不错的金融产品，明天就买上。"吃饭的时候，她拿了瓶很不错的红酒，骄傲地告诉我，今天这一桌子菜，还有这瓶酒，全是这个月理财赚的钱买的。

我平时从来不过问她的理财活动，听她这么说，我倒有点儿好奇，笑着问："你理财真能赚到钱啊？"

她看着我认真地说："当然啊，虽然不多，但保证日常开支还是可以的。"

饭后，我妈拿出了一个小本子，神神秘秘地跟我说："你看，妈妈的理财可不是随便说说，都是研究过的。"

我翻了翻，上面画了个非常粗糙的表格，清晰地比较了不同银行的存款收益，分别有三个月、六个月、一年、两年定存的不同利率。除了定存，她还比较了其他类型的理财产品，上面列出了它们各自的收益和风险。用红笔打了钩的两个产品，想必就是她经过筛选之后认为可以买的。

我的收入虽然比我妈高得多，但论理财效率，可比她低多了。我很难用这么一目了然的表格去计算自己的具体收益，更不要说进行多方对比。

可见，理财并不需要具备多么雄厚的经济基础，把有限的财富高效率地管理好，也是一门学问。

我妈用的方法就是简单的"对比法"，只要多跑几家银行，多收集一些信息，都能做到。多年来，她凭借这种朴素的理财方法，把自己的退休金和养老金分门别类地管理起来。

老年人的核心诉求是本金安全，她很明确这一点，因此她只挑稳妥型理财产品，从来不碰中高风险类，虽然收益不多，但也基本能覆盖掉日常的生活开销。

如果说我妈对我的启发尚且还在理财的范畴，那么女儿给我的启发则不仅局限在理财。

女儿的中学设有食堂，学生可以自主选择在校还是回家吃午饭，考虑到回家可以午睡，家里每天中午都会去学校接她回来吃饭。

开学一个月后，女儿跟我提出，她想在学校吃午餐，然后跟我算了笔账：首先，学校的午餐每天 13 元 ~ 16 元，在家吃则要单独开伙，费用肯定比在学校高；其次，老师要求不许剩菜剩饭，这能间接督促她多吃蔬菜；另外，在学校吃饭，可以节省下每天中午一来一回的工夫，这一小段时间她可以在学校午休，或是跟同学交流学习（嗯，其实她肯定也玩了）。

我想了想，觉得她说得有道理。她一直不怎么爱吃蔬菜，如果能在老师和同学的监督下，把吃蔬菜这个老大难问题解决，那确实比在家吃午饭收益更大。

一段时间后，我发现女儿不仅开始吃蔬菜了，还变得更爱和人交流，这对于原本性格偏内向的她，无疑是个很大的进步。

女儿告诉我，最近她认识了一位高一年级的学姐，学姐成绩不错，能把学习中的一些要点很简洁地分享给她。这样她在听老师讲课之余，还能收获到总结性的学习规律。而她擅长做手工，送给学姐两个自制的游戏角色扮演道具，学姐也很喜欢。

看着女儿开心的样子，我在欣慰的同时也认识到，这就是一种"理财意识"啊。只不过，她理的不是具体的金钱，而是通过相对高效与合适的方法，把自己的时间和身边的关系运营好。

2. 理财目标是阶段性的，但理财意识应贯穿人生的每个阶段

我妈和我女儿，都没有进行过常规意义上的理财行为，比如理财产品、股票、债券，但她们的理财意识并不比我差，她们用自己独特的理财意识在规划生活，且她们的方式

符合各自所属的年龄阶段。

我见过非常多优秀的年轻人，他们工作努力、敢拼敢闯、有着强烈的想要过上梦想生活的决心。可惜的是，因为缺乏一些正确引导，他们简单地认为理财就是用"小钱"赚"大钱"，于是拿着自己努力挣来的钱去跟风投资一些高风险项目。结果，大钱没赚到，反而把本金赔了进去。

理财是一辈子的事，对我们普通人来说，一夜暴富只是爽剧里的情节，小心经营、慢慢变富才是常态。

《四象限理财：投资理财极简法则》这本书，结合人在不同时期所需要承担的责任、面临的财务状况，以及风险承受能力，列出了各个时期的理财目标。

学生阶段没有固定收入，应该着重培养理财意识，学习理财知识，形成自己的经济学思维，以便在日常生活中做出更准确的决策。比如我女儿，她和学姐的相处方式，其实很符合经济学上的等价交换原则——两个女孩彼此欣赏，学姐帮助她整理知识，她教学姐做手工——不涉及任何金钱往来，却体现了生活中的理财意识。

初入社会阶段，收入低，上升空间大，这个时期要着力开源，努力提升收入。与此同时，培养科学的消费观，合理地规划收支，避免"月光"。定期储蓄是这个时期不错的理财方式，抗风险能力强，既可以积累财富，又能帮助自己克制消费欲望。

当迈入成熟社会人阶段，工资收入逐渐稳定，经过前面的积累，也有了一部分存款，这个时期就要多花精力提升投资收入了，比如：选择合适的理财产品，用分散投资、组合投资等技巧实现钱生钱。

当我们开始养育子女、赡养父母、偿还房贷的时候，就意味着自己已经进入了中流砥柱阶段。在这个阶段，保障家庭稳定是核心目标。我们应当合理规划资产，规避狂欢型的投资行为，稳健地提高被动收入，让资金能充分覆盖家庭开支。

退休之后，我们基本进入老年生活。在这个阶段，理财目标是在工资锐减的情况下，让已经积累的财富尽量少缩水，生活质量不下降，体面地度过老年生活。我妈妈的理财方式就十分符合这个特征，她把大部分存款分批做了定期储蓄，保证在不同的时间能收到利息。收到利息后，她会再次投入定存，财富就健康地滚动了起来。

人在不同阶段，需要找到适合自己当下的理财目标，但理财意识却不是阶段性的，它应该贯穿在我们人生的每个阶段和生活的方方面面。因为我们不能保证从工作的第一天，直到退休都有稳定的收入，也不能保证财富会随着年龄水涨船高。可能有些阶段，我们就是会面临无财可理，甚至财富倒退，需要动用储备金的状况。

3. 对未来的期待越具体，对当下的规划越明确

具备良好的理财意识，我们才能像管理财富一样去管理生活，包括：健康、时间、精力、人际等，不焦虑短期回报，耐心等待长期价值。

值得注意的是，日渐提升的教育水平，还有不断增长的现实压力，让很多年轻人具备了非常深远的理财意识。《2022年中国养老前景调查报告》显示，人们开始为养老做准备的时间从 38 岁提前到了 35 岁。

这一代成年人，已从传统家庭"养儿防老"的理念里走出来，在追求独立生活的同时，提前计划如何有安全感、幸福感地老去。不必等到退休，而是从某个年龄开始，能按自己的意愿，过上期待中的生活。

想要达到这一目标，最大的安全感来源，当然还是金钱。尽管每个人的方法不同，但万变不离其宗，都是四个字

"开源节流"。然而，除了提高收入和积累存款之外，对身体和心理的健康也要更为重视。

用理财意识提前谋划未来，其重要的意义在于：我们会对现有的财富如何管理、工作怎么发展、要不要换城市等具体问题，多一些清晰的判断，少一些无端的焦灼。

毕竟，当我们对未来的期待越具体，对当下生活的规划就会越明确。

---- 画重点 ----

　　人在不同阶段，需要找到适合自己当下的理财目标，但理财意识却不是阶段性的，它应该贯穿在人生的每个阶段，甚至生活的方方面面。这样，我们才能像管理财富一样去规划生活，包括：健康、时间、精力、人际等，不焦虑短期回报，耐心等待长期价值。

攒多少钱，才能体面养老？

我发现了一个有趣的现象。一些"80后""90后"们，一边想着提前退休，一边想着体面养老。所以，《30岁硕士存100万辞职养老》《上海"80后"夫妻存款300万提前退休》这类新闻，总能引发热议。

可是，我们到底要攒多少钱，才能提前退休，才够体面养老呢？

1. 人会老，钱会贬

大家口中的"神仙式养老生活"是怎样的？

2024年，83岁的蔡澜先生，在专访中透露自己正式开始养老生活。

"我所有的收藏品都已经送走了，最先送走的是书、字画，然后是古董藏品、家私、桌椅，差不多全部送走。你问我舍不舍得，要看收藏品的新主人喜不喜欢，喜欢的人收到会好好珍藏，不喜欢，免费送人家都嫌占地方。我帮这些收藏品找到新的主人，唯一留下的是茶叶，当年八元一饼的普洱茶，现在一万元也买不到，我自己留下来慢慢饮。"

"断舍离"之后，他住进了豪华酒店的海景套房，聘请了 8 人团队伺候自己的起居。

"一个秘书处理公务，一个助理帮我安排生活上的事情，还有一个护士管家；另外有两个印尼外佣，是母女俩，分别负责日夜的工作；一个司机在我外出时管接送；每天晚上有人来帮我按摩；早上有物理治疗师教我做运动，是个漂亮的女孩子。我现在很少参加多人的聚会，约吃饭都是三五知己，有些名厨好友会上来为我下厨，但他们的名字不方便公开。"

蔡老每天喝茶、打游戏机，想睡就睡，想起就起，"终于可以没有人管"。面朝大海，散尽家财，蔡老的生活，被视为"养老的最高境界"。

很多人羡慕他的心态，更多人羡慕他的财力。王尔德说："曾经我以为金钱是世界上最重要的东西，现在我老了才发现，确实如此。"

电视剧《不够善良的我们》中，有段台词，堪称"独美女性"的快乐终结者。剧中，38 岁的自由职业者 Rebecca，作为未婚独立女性，她忙了就埋头工作，闲了就游戏人间。她的打算是，趁现在忙，多赚点钱，等到 50 岁，圆满退休。同行大姐，却一语戳破了她的美梦，让她的心被扎成了筛子。

"你 50 岁就要退休啦，你有没有想过，你可能会活到几岁，70？80？90？那你 50 到 80 的钱存够了吗？我告诉你哦，起码 2000 万（新台币，约折合 450 万元人民币）。这 2000 万，你还要不能生病，可能不能去旅行，婚丧喜庆，你可能不能包那些什么红包啊白包的，更何况 2000 万还要顾及你的品位，够吗？"

Rebecca 说："不过我又没有小孩。"

"那就更没有指望啦，你确定你 50 岁之前，存得到 2000 万？然后退休？而且我提醒你哦，人会老，钱会贬。"

几句闲谈，就把独自美丽的 Rebecca 打得晕头转向，惶恐失措，开始怀疑自己的人生。因为她的账户上，只有 60 多万的余额，跟 2000 万的"养老金"之间，显然还有着巨大的鸿沟。

450 万元人民币对普通人来说，太夸张了吗？你开始为养老储蓄了？你算过退休后能领多少养老金吗？

2. 未富先老，值得焦虑一下

世界正在老龄化。1988 年，中国 65 岁及以上人口的比例只有 5.08%，2023 年底这个比例上升到 15.4%。根据中国老龄化全国委员会和《中国可持续发展总纲》预测，到 2050 年，当"80 后""90 后"开始逐步退休时，中国 60 岁以上老龄人口将达到 4.87 亿的峰值，约占总人口的 35%，平均寿命会涨到 85 岁。坦白地说，如果没有钱，长寿便意味着又老又穷。尤其是到那时，大街上每 3 个人里，就有 1 个等着领养老金的老爷爷或者老奶奶。

所以，我们真正关心的，是老了以后还能领到多少养老金？几十年后的养老金额度，能不能避免退休后的生活一落千丈？

国际上有一个通用指标，衡量未来养老生活的质量——养老金替代率。简单地说，就是退休时领取的养老金与退休前的工资收入之间的比率。比如，退休前的月收入为 2 万元，退休后每月领取 1 万元养老金，那么养老金替代率就是 50%。所以，养老金替代率越高，代表退休后的生活质量越高。世界银行认为，如果要维持生活水平不下降，养老金替代率须不低于 70%（以退休前月收入 2 万元为例，对应的养老金为 1.4 万元）；

国际劳工组织认为，55%（以退休前月收入 2 万元为例，对应的养老金为 1.1 万元）是养老金替代率的国际警戒线。

但实际上仅靠社保养老金，很难达到这个替代率。以"打工人"为例，我们的城镇职工养老保险，分为两个账户：统筹账户和个人账户。

统筹账户由单位出资，按月薪的 16% 计算；个人账户由职工自己出钱，按月薪的 8% 计算，也就是我们每个月工资中扣除的那部分。

而社保养老金的领取，跟个人账户储存额、社会平均工资、缴费年限等多个指标有关。

财经科普作家槽叔，在他的《攒多少钱 才能安心养老》一书中，做了一个理想情况下的估算："假设我在 2018 年，工资为 18000 元，是当时北京社会平均工资的 2 倍。如果我能一直维持这个水平（社会平均工资的 2 倍），坚持 30 年，坚持到 60 岁退休，那么我退休前的工资，会涨到 28000 元。按照社保养老金的公式计算，退休后我每月的社保养老金大约会是 12000 多元。假设这 30 年内我有过减薪、失业等情况，我的社保养老金都会低于这个数字。"

但这样的乐观预测，替代率也只有不到 43%，和不影响生活水平的 70%，差距很大。

更何况，大多数"打工人"面临的现实是，公司很少按照职工实际工资来缴纳社保，甚至直接按照当地最低社保缴费基数来缴纳，这也意味着，他们在退休后只能领到更少的退休金，面临更低的养老替代率。

3. 养老自由，主要靠自己

在我们中国人的传统观念里，养儿防老的认知根深蒂固。养老在过去被认定为家庭内部问题。

而今天，老龄化和少子化的双重压力下，子女赡养已经不能指望，社保养老金又不足以富裕养老，我们还能做些什么呢？

其实，养老金的构成，一般有三大支柱：第一支柱是政府，就是社保养老金；第二支柱是企业或者公司，就是职业年金或企业年金；第三支柱是我们自己，就是个人养老金账户。三个支柱相加，成为每个人总的养老金。

我们很多人一说起养老金，第一反应都是社保养老金，也把关于养老的所有期待都寄托在了社保养老金上。而作为第二支柱的企业年金，主要集中于国企和央企，绝大多数普通私企职工无法享受。相比社保，企业年金覆盖率太低。

2024年，《政府工作报告》首次明确，"在全国实施个人养老金制度"。个人养老金账户，是国家通过税收减免，激励个人为养老攒钱。这个趋势说明，养老真的要靠自己了。

那么，回到最开始的话题，我们到底要攒够多少钱，才能从容地迈入老年，体面地维持生活？

1994 年，麻省理工学院学者威廉·班根曾提出"4% 原则"，逻辑是只要总资产组合每年产生的收益超过 4%，那么每年从退休金中提取不超过 4.2% 的金额用来支付生活所需，直到去世，退休金都会有结余。

富达国际也提出过一个"退休储蓄黄金法则"，认为退休时需要存够当时年薪的 9 倍，才能更从容地退休。

至于这笔钱到底是 200 万，400 万，还是 600 万？生活丰俭由人，并没有一个适合所有人的绝对标准的答案。

养老是一件很个性化的事情。我们可以试着去计算，在某种情形下，究竟要攒多少钱，一个人才能够体面养老。但实际上，时代瞬息万变，生活沧海桑田，也许只有在我们真正老去的那一天，才会有一个扑面而来的明确数字。

麻省理工学院老年实验室创始主任约瑟夫·库格林，在《更好的老年》一书中算了一笔账：人生有 3 万多天，从出生到上大学，大约有 8000 天；从上大学到中年危机时期共

8000 天；从中年期直到退休又是一个 8000 天；退休以后，不少人还会有一个 8000 天的周期，如果能够活到 90 岁或 100 岁，这个周期还会长很多。

《一个人最后的旅程》里，上野千鹤子写道，老人既非"将死之人"，亦非"等死之人"，而是"继续活着的人"。

我们普通人现在能做的，不是焦虑沮丧、躺平摆烂，而是随机应变、未雨绸缪，开始为不久的将来，规划和筹备自己的养老金。

理财、存钱虽然枯燥无味，但它是欣赏人生旅程美景的基础。

希望我们都过好今天，也要过好人生第四个 8000 天。

国际上有一个通用指标，用来衡量未来养老生活的质量——养老金替代率，是指退休时领取的养老金，与退休前工资收入之间的比率。例如，退休前的月收入为 2 万元，退休后每月领取 1 万元，则养老金替代率为 10000/20000，计算出的养老金替代率是 50%。世界银行认为，如果维持生活水平不下降，养老金替代率不能低于 70%；国际劳工组织认为，55% 是养老金替代率的国际警戒线。

底线思维和上限思维，你是哪种？

人生哪有万全之策呢？

都是做出符合自己现实状况的选择。

1. 没有优劣，只是思维方式不同

我的同事小林是典型的稳健型选手。她从大二就开始养"财"，先从 500 元钱试水，和很多年轻人一样，她最初接触到理财的渠道不是银行，而是互联网平台上的理财博主，她跟着博主学一些基础投资理念，自己也花时间研究不同赛道的发展前景和国家政策。她在储蓄、消费、理财上的配置比例一直是 4:3:3，从配比来看，她采取的是偏安全稳妥的策略，她说："现代人活得普遍没有安全感，我还是希望确保财务安全。我也不炒短期的，避免被割韭菜。"

另一位同事小顾，风格截然不同。小顾的账户里长期只有足够当月支出的现金，剩下的积蓄全部用来投资。而且她只投短期，经常把所有的钱拿去押注一个赛道的理财产品。

她管自己叫"梭哈型选手"。之所以这么做，小顾也经过考量，她说："这两年的投资环境变化特别快，像我这样本金不充足但又想赚到钱的人，只能通过不断转换赛道的方式，快速买入卖出。"

很难说这两种投资风格谁优谁劣，但值得注意的是，它们的背后是两种不同的思维方式——底线思维和上限思维。前者更看重本金安全，后者更看重利润上涨；前者追求的是长期稳定，后者能接受一定的波动。说到这里，你可能会觉得，这两种都算不上是很理想的理财状态。那么，有没有能兼顾本金安全、利润丰厚、长期稳定无波动的理财产品或投资策略呢？

答案很明确：没有。

1999年，诺贝尔经济学奖获得者、有着"欧元之父"称号的罗伯特·蒙代尔提出了一个理论：一个开放的经济体，不可能同时实现货币政策的独立性、汇率的稳定和资本的自由流动三大目标，最多只能选择两个。这就是著名的蒙代尔"不可能三角"理论，它存在于生活和工作的几乎所有方面。

比如，我们刚刚提到的，本金安全、利润丰厚、长期稳定无波动，可以说是投资理财的不可能三角。

明白这个理论，选择用底线思维还是用上限思维去思考问题，变得尤为重要，我们会对"想要获得什么，同时必须放弃什么"更加清晰。

小林的稳妥型理财，安全性强，但利润空间不大。小顾的押赛道式投资，风险较高，买错了赔得多，买对了赚得也多，收益和风险并存。

在前两年，理财产品整体表现相对好时，小顾的"上限思维"优势很明显，看准赛道大举买进，赚到过不少钱。但从 2022 年底开始，这种思路风险更大了。当时有个数据：截至 2022 年 11 月 26 日，共有 4709 支理财产品在 11 月以来出现净破，也就是亏掉本金。单周跌幅最大的两支理财产品分别下跌了 27.58% 和 25.70%。理财产品普跌让小顾的投入在很短时间内大幅缩水。

在理财产品普遍表现下滑的情况下，小林的"底线思维"就凸显出了优势。由于她拿近五成的资金都买了固收理财，因此目前的收入依旧比较稳定。

2. 接受工作的"不可能三角"，用两种思维决策未来

无论哪种思维模式，都有利弊。关键是要综合外部环境，以及个人抗风险能力去做综合评估，也要及时调整，

千万别一条道走到黑，才能做出收益更大、更适合自己的选择。相信很多年轻人都犹豫过一个问题——毕业之后，是选择回家乡还是选择去大城市发展？

我认识一个女孩，十几年前大学毕业时，应聘到了互联网某头部企业的岗位，工作辛苦，压力也大。父母希望她回家乡工作，她不愿意，觉得应该趁着年轻先发展事业。

她身边有很多同学毕业之后选择回家乡找工作，压力小，收入也比较稳定。

刚开始两三年，大家都是职场新人，差距不明显，甚至回家乡的同学优势更大些——小城市房价平缓，她的同学们很快就在父母的资助下置办了房产和车子；工作节奏慢，平时也有更多的时间娱乐。而她呢，还是住在大城市的出租房，收入涨幅也不大。

五年以后，她和同龄人的差距逐渐显现。互联网工作强度大，但回报也相对高，她连着涨了几次薪，职级也上调了，并拿到了不少股票分红。到毕业的第十年，她已经是一款大热游戏的 IP 项目总监了，并且凭借自己的收入在一线城市买了房和车。再看十年前回家乡的同学，要么结婚生子进入家庭生活，要么换了几份工作，拿着稳定但没什么涨幅的收入，进入了职业瓶颈期。

但是，最近两年，她却再一次陷入迷茫——在大厂的工作明显遇到了"35岁危机"，而小城市的同学们，却因为父母的帮衬和工作的稳定，更加有"中年的底气"。

我们可以清晰地看到，在职业发展上，分别用底线思维和上限思维做选择，随着时间的加成，导向的是截然不同的人生路径。

底线思维，可以保障你在客观环境恶劣时的基本生活诉求。好处是稳定、风险低，缺点是发展空间小、收益不大。

上限思维，决定一个人一生能走多远、财富到达什么水平。好处是上升空间大、收益高，缺点是风险高、不稳定。

结合我们在前面所说的"不可能三角"，可以锚定出一个工作的"不可能三角"——稳定、收入高、成长空间大——几乎没有一份工作能同时满足这三个条件。

3. 根据目标、环境、年龄，动态调整决策

每个人情况不同，目标不同，如何做选择是非常私人的一件事。

如果你的核心诉求是稳定，无论什么情况下都不想面临失业的风险，那么用底线思维去做决策是合适之选。这两

年，"考公"人数屡屡突破历史新高，就从侧面印证了这一点。其实不难理解，普通人家大多希望孩子平安顺遂地过一生，"体制"在波动的经济环境中显示出很强的抗风险能力，所以社会越是预期不稳，进体制的倾向性就会更强。

在这样选择的同时，要做好心理准备：做公务员虽然稳定、能抗风险，但绝非"快速挣钱"之路，不能在体制内求到了稳定，又整日抱怨收入不高、天花板低。

而如果你的核心诉求是发展，想要早早实现月薪几万，在大城市扎根，那么就要充分利用上限思维。最现实的选择，就是进入高速发展的领域，借助行业的红利来实现收入目标。

这样选择的同时，也要做好心理准备：快速发展的领域往往变动性较强，不能一边享受着高收入、高回报，一边抱怨不如体制内稳定。

另外，不同年龄段的人，影响他们财富水平的因素也是不一样的。在决策的时候，重心也需要调整。

30岁之前，行业溢价的作用显著超过城市溢价。也就是说，如果你20多岁，那就尽可能在教育上努力，争取多学知识，而不是片面追求学历和学校。因为"知识＋学历＋

阅历"会为你带来"见识"和"人际网络"，在此基础之上，选择一个"上行"的行业，顺着行业发展的大趋势，才能跑得更快、更远。

30岁之后，行业溢价的作用则让位于城市溢价。也就是说，如果你30多岁了，就不仅要重视行业的发展，还要花更多时间考虑选择适合定居的城市，并抓紧买自住用房，把安身立命的根基扎稳打牢。

以上，当我们在讨论用底线思维还是上限思维的同时，不能避免的一点是，外部环境总是具有一定的波动性，其中有一些因素不随着我们的主观意志而转移。尤其在这两年，大家的感受可能更为明显。我们能做的，就是全面考量，并主动应对，提高自己的适应力，在波动中找到成长的机会。

我是"底线思维"的支持者，从来没有想过获益更多，不仅理财，在生活规划、与人交往方面都是这个逻辑。

我身边的一些朋友则是"上限思维"的拥护者，她们愿意接受更大的风险，获得经济、生活、职业方面的本质飞跃。

这两种思维模型，没有对错，但的确导向不同的路径。

底线思维，可以保障你在客观环境恶劣时的基本生活诉求。好处是稳定、风险低，缺点是发展空间小、收益不大。

上限思维，决定一个人一生能走多远、财富到达什么水平。好处是上升空间大、收益高，缺点是风险高、不稳定。

大厂 VS 体制 VS 创业，究竟怎么选？

有一次读书会上，一位妹妹问我："筱懿姐，你有没有做过什么后悔的事情啊？"

其实，做过的事情，不论成败，都是一种尝试，所以我从不后悔，只是我成熟得很迟，35 岁才明白自己想要什么，愿意付出什么。

我 21 岁大学毕业，第一份工作是在一家规模很大的广告公司做总经理秘书，后来又做了人力资源招聘与培训；第二份工作是在报社，先当财经记者，之后调到广告中心，20 年前的广告业很新潮，媒介渠道却不多，假如品牌想做推广，电视、报纸、杂志广告是必选，又因为背靠平台，我不必为业务量太发愁。互联网兴起之后，品牌营销方式不再单一，选择也更加多元，对传统媒体的依赖程度降低。我看着日渐式微的业务，起初没有意识到这是行业趋势发展的必然结果，更加努力地去开拓，却劳而无获，这才意识到是潮水的方向变了。

2014 年 7 月，我真正迈出自媒体创业的第一步。因为在体制内工作过 15 年，如今创业也 10 年，我越发明白这两种工作的认知体系完全不同，而我这样自由和自驱力比较强的性格，可能更适合创业。

大多数人的一生，都会经历不止一份工作，职业选择是贯穿我们整个职业生涯的命题。

毕业后第一份工作适合找什么样的？什么年龄开始创业比较好？ 30 岁以后要不要考公上岸？大厂真的是"青春饭"吗？国企、事业单位更适合"养老"吗？

这些近年来大家广泛关注的议题，背后反映出一个共同的问题，那就是：大厂、体制、创业，这几类职业路径究竟有什么不同？

只有了解它们之间的差异，再反观自己的核心诉求，才能做好属于自己的职业选择。

为了回答这个问题，我分别找了这三类职业的从事者进行了采访，希望能对你的判断有所启发。

以下内容整理自受访者口述。

1. 小花: 大厂十年, 从三线小城到定居大城市

我从2011年毕业到现在一直在这家公司, 见证了这家公司十几年的变化, 我也从职场小白蜕变成一个中年高管, 还是挺感慨的。

其实我毕业的时候对工作没什么规划, 直到父母催我回家乡考公务员, 我才意识到——自己不想回去。当时只有一个想法, 就想赚钱, 去大城市定居。

确定了这一点, 基本也就锁定了大厂。首先, 大厂在薪资层面比较可观, 其次, 在那个时候"大厂光环"还是挺有价值的背书。经过一番努力, 我入职了总部位于深圳的一家大厂。

现在回过头去看, 我觉得职业选择很重要的一点, 是想清楚自己要的是什么, 你的核心诉求得特别聚焦, 不能既要挣很多钱, 又要清闲, 还要离家近。

我当时选择了挣钱, 也放弃了很多东西: 没什么时间回家陪父母, 没有时间谈恋爱, 别人出去玩的时候我基本都在加班。不过好在我也实现了当年的心愿, 在深圳买了房、安了家。

头两年, 我的岗位是活动运营, 看上去都是些打杂的活

儿，但其实只要你有想法，公司都会支持，不管是资金还是人力，都管够，还是能做出一些成绩来的。

后来公司开始拓展海外业务，上级给我争取到了一个名额，我反正也单身，没什么牵挂，而且外派有额外的福利，我就去了。没想到一去就是四年，泰国、新加坡、马来西亚，我都待过，都是从 0 到 1 的项目，一点点开拓市场，拉用户。

在大厂，我学会的第一件事，就是理性客观地考虑问题。

这里一切以绩效和结果为导向，不太讲究人情世故，有什么问题需要解决，都是直接就事论事。和同事们交流时，你会感觉到大家目的性很强，基本不会有人关心你的个人生活。

如果你在事业单位待过，再来大厂可能会不适应这里的氛围。不过我还好，因为我学会了"脱敏"——别人对你的反馈，不论是好是坏，不要带着情绪去看待，你直接去想解决方法，一切就简单得多了。

从国外回来之后，我升职了，带一个二十人的团队。但也没有因此"安稳"下来，这几年，大厂都在降本增效，业务几经调整，人员也流动了好几轮。

如果你想选择大厂，就要做好心理准备，这里没有"稳定"的时候。上半年干得热火朝天的业务，可能下半年就被砍了，你又要去做新的业务。

2. 李涛：国企五年，别人都说我像老干部

我老家在浙江嘉兴，大学在杭州念的，毕业之后很自然留了下来。当时我们同一届的很多同学都去了互联网公司或是外企，我算是逆潮流而行，进了一家国企。因为我爸妈都是教师，可能从小受到家庭的影响吧，一直以来我就向往稳定的环境。

很多人认为国企稳定，适合养老。

前半句我同意。我在这家企业五年多了，依然是原来的部门、原来的领导，连办公室都没换过。朝九晚五加双休，加班的次数屈指可数，有充足的时间休息和生活，符合我对稳定性的要求。

不过，后半句不太客观。国企虽然没有"996"，但一样也有压力，这压力主要来源于其中错综复杂的人际关系。

国企里面层级分明，像我们部门五个人，有三个级别，大家虽然坐在一间办公室，但每个层级该做什么事，该说什么话，都有固定的套路，不能越界。

我大厂的朋友跟我说，在大厂找对业务最关键，业务起飞，你就跟着起飞。那我觉得，在国企跟对领导最关键，一个好的领导能带你少走很多弯路。

我刚毕业的时候不懂，出过不少差错，也得罪过人。这几年，自己慢慢观察，才摸清了一些约定俗成的规则，也学会了如何解决棘手的人际难题。

很多人见我第一面就说我像老干部，其实我是1994年出生的，没办法，这是工作性质和工作环境塑造的。

进国企之前，我不理解为什么很多人拼命想往上爬，为了涨点儿工资至于吗？现在我理解了，每往上升一步，接触到的人脉和资源也会提升一级，想要在这样的环境里生存，这几乎是不可回避的。

3. Jessica：返乡创业两年，这次不想跳槽了

我留学归国进了外企，后来跳了几次槽，也都在外企。现在转眼30多岁了，不想就这么一辈子打工，想找点儿能够长久做下去的事情，于是有了回成都创业的想法。

我花了半年时间做前期考察，试水过电商直播、线下宠物商店，很多想法都死在了市场调研期间。

后来我发现，一线城市的很多新潮项目能和二三线城市

迅速接轨，比如露营、滑雪、陆冲等。2021年，我确定了第一个创业项目——飞盘运动。

推广的第一阶段，我找到了成都当地的几家潮牌店合作，通过社交媒体打卡引流，几次活动下来，基本就收回了成本。在户外运动需求最旺的夏天，有时候月流水能超六位数，利润率能达到50%以上。当时，飞盘还不像现在这么普及，所以我们很快就跃升成为行业的头部玩家。

当然，这些只是顺利的部分，不顺利的时候也很多。

客源不稳定、融资不顺利、家人不支持，这些坑我们一个也没落下。还有一些客观原因，比如疫情、淡季、天气等。有几个月成都老是下雨，又加上疫情反复，原本"周中两场，周末四场"的活动节奏一下被打乱，场均利润也降至20%左右，亏损状态持续了大半年。

回顾这两年多，我觉得自己最大的改变是对财务更加敏感了，好像每天都在算各种账，跟各行各业的人聊合作。以前在外企，手头的业务做完就没事了，但创业似乎总有事情做，总有可改进的地方。

虽说辛苦吧，但习惯了创业的节奏，就很难再接受打工的状态了，而且我也不想放弃户外运动市场，毕竟已经做出点儿水花来了。

以上，是我从几十个采访里筛选出来具有代表性的三个案例。

可以看到，大厂、体制、创业，这三类职业路径都有非常明显的优缺点。我们不能明确地说哪个好，哪个不好，因为每个人的职业诉求不同。

这三位受访者有一个共同点，就是对自己的职业诉求非常明确。小花想在毕业之后的几年迅速挣到第一桶金，李涛想要稳定的生活和职场环境，Jessica想找一件能长久做下去的事业。

为实现这些诉求，他们选择了不同的职业，其实是选择了不同的财富积累方式和话语体系。大厂业务增长快，有机会快速积累财富，组织扁平化，注重团队，不太注重人情；体制内业务稳定，财富积累细水长流，层级分明，人际关系的权重高；创业，财富积累速度依赖于业务，盈利和亏损都可以很快，初期没有明晰的分工，常常一个人顶几个岗，本质上是生意思维，而非企业里的做事思维。

这三位受访者也在一定程度上打破了我对职业选择的认知。大厂可以不是"青春饭",也有很多中年人在其中找到自己的生态位;体制内的不只有中年人,如今也有很多年轻人,更愿意选择稳妥的生活;创业不再是为了寻求一夜暴富的机会,而成了一些人终身职业的选择。

最后,希望你也能明确内心,找到适合自己的道路,过上更满意的生活。

永远记住自己的第一诉求

买了票看电影，看了一会儿发现索然无味，你会坚持看完，还是起身离开？恋爱谈了三年，发现彼此已相看生厌生嫌，你会凑合着过，还是决定分手？不喜欢的工作，已经积攒了一些行业经验，你会硬着头皮继续，还是干脆换个职业？

这些问题，都和财富思维有关。

1. 沉没成本，不是成本

2023年8月，我发现自己持有的理财产品出现30%亏损，决定全部清仓卖出。

理财顾问劝我，不妨先卖掉一小部分，剩下的等待市场回暖。在他看来，理财产品发生亏损很正常，最好的方法反而是加仓来分摊成本费用，适当降低风险，等待后期价格的回升，这样就能追回亏损。如果像我这样在下跌时立即卖出，等于放弃了回本的余地。

我知道他的建议十分专业，但每个人能忍受的痛点不同。直白地说，在理财中，我追求稳定，厌恶损失，宁愿放弃丰厚的可能收益，也不接受本金的分毫亏损。所以，我持有理财产品数额不大，只是抱着尝试的态度少量购入，我给自己的底线是：如果理财产品亏损超过四个月，那么第五个月无论什么价格，都全部出售。

当时，已经到了我给自己设立的"底线"。

于是我没有"听劝"，执意售出了所有理财产品份额。不久之后，理财顾问告诉我，我卖出的理财产品继续大跌，当时清仓的决定是对的。

我对理财产品的投资理念，在专业人士看来可能像个笑话，或者说过于保守。但这的确是我的原则。巴菲特说："投资的第一条准则就是保证本金安全，永远不要亏损；第二条，请参考第一条。"他还把冒险比喻为"推土机前捡硬币"。每个人都有自己的性格，财务思维也是个人性格的延展，我得承认：我的性格和理财思维都是稳妥偏保守型的，在市场不明朗的情况下，面临亏损时继续加仓，对我来说，就等于在持续增加和投入沉没成本。

而沉没成本不是成本，已经沉没的时间、金钱和精力，没有可能再转化为收益。

沉没成本和机会成本的概念，也经常被混淆。一种有趣的解释是：机会成本是窗前的白月光，是为了获得当年的红玫瑰，而放弃了的最大价值；而沉没成本则是墙上的一抹蚊子血，从红玫瑰变成蚊子血，就是一步步投入沉没成本的过程，是已经发生，且不可收回的支出。

所以，机会成本说的是影响未来收益的选择，沉没成本说的是对过去投入的决断，当断不断，就会反受其乱。

2.沉没成本不参与重大决策

为什么越亏损，越容易亏损？大多数人总是过于重视沉没成本，却白白浪费了机会成本，更容易因为已经发生的投入，而做出非理性的决策。

我们中国人喜欢说"来都来了"，其背后隐藏的经济学概念，就是"沉没成本"。

同样，"杀猪盘"骗局中，刷单返利做任务的套路，利用的也是人们惯有的"沉没成本"心理。随着损失和投入的增加，受害者往往越陷越深。

沉没成本，在心理学和博弈论上有个同义术语，叫"协和谬误"，这个术语源于一个著名案例：

20世纪60年代，英法两国联合投资研发一款大型超音速客机，即协和飞机。这款飞机机身宏伟、装饰豪华、速度快，但研发费用十分高昂，单是设计一台新引擎的成本，就要消耗数亿美元。项目启动后，两国发现一个进退两难的问题：继续开发，需要持续投入巨额资金；停止研发，之前的投资都将付诸东流，打了水漂。而且，即便研发成功，也难以确定这种机型是否符合市场需求。但随着研发进展的深入，他们越来越无法做出喊停的决定。

最终，协和飞机研制成功，却因为飞机本身的缺陷，如油耗大、噪声大、污染严重等，很快被市场淘汰。假如，英法两国及时决定放弃，这个巨大损失或许可以避免，但我们局外人判断容易，身在局中做出理性决定，的确是艰难的。直到协和飞机退出民航市场，英法两国才终于从无底洞的困境中脱身。

所以，经济学中，沉没成本不参与重大决策。

坚持看完无聊的电影，充其量浪费两个小时；和不合适的人结婚生子，将就的代价是一生的幸福；在不喜欢的工作中消耗时间和精力，失去的是发现和接纳自己真正热爱的事业的机会。

不为打翻的牛奶哭泣，不因为害怕曾经的付出打了水漂，就一忍再忍，更别因为不甘心过去的投入，一心想要"回本"，反而越陷越深。明智的放弃好过盲目的执着，如果方向错了，停下来就是进步。电影太烂就不看了，感情变质就不勉强了，工作实在不喜欢就不坚持了，为自己设立一个止损点，及时纠错，挣脱沉没成本的束缚，才能做出对自己更有益的选择。

3. 永远记住自己的第一诉求

《后汉书·郭泰传》曰："客居太原，荷甑堕地，不顾而去。林宗见而问其意，对曰：'甑已破矣，视之何益。'"既然瓦罐都摔破了，回头看也是无济于事，徒增烦恼，且浪费时间，又是何必呢？

更直观简单的例子，是一个人上错公交车刷了卡，不会因为付了钱就将错就错继续坐错的车，而是立刻下车，及时止损。但生活中的沉没成本，往往充满迷惑性，远不如上错车、摔破瓦罐、打翻牛奶那么容易判断和取舍。

换句话说，我们一旦对某件事、某个人进行了支出，这件事、这个人的重要性就会被重新高估。就像《小王子》里写道："正因为你在玫瑰上花费了时间，才使你的玫瑰如此重要。"

这个时候，认清自己的第一诉求，就变得格外关键。

同样在 2023 年，我搬进新家后，第一时间寻找靠谱的房产中介，说明需求，着手卖掉之前的旧房子。朋友和家人觉得我操之过急，出价太低，还可以再等等。

但我选择卖房子的第一诉求是现金回笼，在自己少赚甚至不亏损的情况下，价格低于其他同类房屋。所以，我的房子很快就卖掉了，没有拉长战线，而是速战速决。

年底再见到中介，他夸我明智，卖得很及时，那些出价高过我的房子，现在价格不但压得很低，还很难出手。其实，我并没有先见之明，更不懂房产市场的波动，我只是清楚自己的第一诉求：卖掉理财产品是因为不能接受亏损本金，低价卖房是为了收回现金落袋为安。

人际关系上也一样。这两年我和周围人相处，不再按照面子、情商、身份地位等来交往，我问自己：我和这个人相处，最想得到什么？我愿意拿什么去交换？比如，我想跟一个人做生意，他资源好但为人强势，而我又特别想做成这笔生意，那面子就不重要，我得想法子满足对方的利益和情绪价值；如果我想跟一个人做朋友，他有学识、有趣、有个性，那金钱就不重要，我不指望从他那里获利，只求谈得来；如果生病了看医生，医生专业能力过硬但脾气有些急躁，而我的病只有他能治，那就完全不在乎他的态度，能挂上他的号我就谢天谢地；如果想省时间，我就接受多花钱……

当我想明白自己的第一诉求，以及愿意付出的代价之后，绝大多数内耗都消失了，最怕"既要又要还要"，既要升职、还要轻松、还要怼领导，怎么可能啊？

"第一诉求"是我解决事业、财务、人际关系的思维方式，让我具备快速转换目标的能力和勇气，最大程度避免落入沉没成本的陷阱，把时间、金钱和精力用在真正能带来收益的事项上。

愿我们活得利他、利己又通透。

机会成本是窗前的白月光，是为了获得当年的红玫瑰，而放弃了的最大价值；而沉没成本则是墙上的一抹蚊子血，从红玫瑰变成蚊子血，就是一步步投入沉没成本的过程，是已经发生，且不可收回的支出。

所以，机会成本说的是影响未来收益的选择，沉没成本说的是对过去投入的决断，当断不断，就会反受其乱。

把35岁危机，变成一场新的财务规划

我去互联网大厂开会，合作伙伴告诉我："35岁危机，这个话题特别火。"

比如，青山资本在一份扎心的报告中，提到"35岁现象"：政策上，公务员录取要求年龄在35岁以下，深造、购房、落户、创业的优惠政策指向35岁以下；婚育上，催婚有35岁的心理线，催育更有35岁的警戒线，各类医学研究中都将35岁作为高龄产妇分界线；职场上，四川大学曾发布一份长达10年时间、调查了30万个招聘广告的研究，发现上海8成以上、成都7成以上的社会职位都要求应聘者年龄在35岁以下……

仿佛35岁之后的人生，是个急速的下行线？

1. 唯一不变的，就是变化

回想我自己的35岁，也曾有过这样的危机。那时，我所在的报纸媒体急剧萎缩，自己两次急切投资都血本无归，正是我人生的低谷，也是创业从头再来的时候。

大家眼里很稳定、很牢固的报社工作，并没有像我原先预想的那样，能一直做到退休，供我养老。于是我明白，所谓的稳定，不过是某个时代的短暂红利，计划永远赶不上变化。

后来，就像网络新闻取代了报纸杂志一样，短视频取代了电视媒体。

我认清了一个现实：一切皆流，无物常驻，唯一不变的，就是变化。

35岁，我开始写第一本书，36岁，《灵魂有香气的女子》出版，然后我做自媒体"灵魂有香气的女子"，和原来的职业划开了距离，接着又从写公众号到拍短视频，跌跌撞撞走到现在。

我仍然记得，12年前我想写书，别人说写书收入不稳定；9年前我想开公司，别人劝我创业太累；8年前我想拿融资，别人撑我风险太大；7年前我想做访谈节目，别人笑我有镜头感吗？6年前我想做短视频，别人笑"哈哈哈，你都40岁了"。

现在，我已经46岁，自觉最大的变化，就是不再惧怕任何变化。

我逐渐看出来：35 岁危机，其实是一个伪命题。这时的我们，随着阅历增加，经验积累，生活和工作的能动力都达到了一个小高峰。与其说是危机，倒不如说是打破职场瓶颈和天花板的机会。

一旦打破，突破的不仅是年龄、生活、能力，也包括财富。

转型视频对我的能力挑战很大。

为了"口齿清晰，表达流利"，我跟随声音教练练习很久，逐渐纠正了自己的"大舌头"；我以前面对镜头会露怯，很难侃侃而谈，现在表达流畅自然很多；我以前根本不具备直播能力，可是仔细想想，"直播"不就相当于是把线下的签售会搬到了线上吗？

20 多岁时，我们刚出校门很懵懂，几乎没有规划意识，即便有，也是零基础的空想。而 35 岁，我们完全有能力和眼界，在现有基础和资源上，规划和调整自己的未来。

2. 别做温水中的青蛙

罗马不是一日建成，危机也不是在 35 岁这一天突然爆发。"冰冻三尺非一日之寒"，大多数中年人的焦虑和危机，其实很早就有苗头，只是自己没有发现，或者不愿意面对。

我的一位多年老友，在曾经人人羡慕的媒体工作过十五年，一把手都换了五个，她却几乎没有升职，收益看上去远低于付出。很多人劝她："你就不能学会和领导套近乎？领导喜欢什么，你就去学点儿什么，表现点儿什么？"

这样的话我也问过她，我还记得她笑眯眯地回答我：

"我不是不想套近乎，我是衡量了投入产出比，觉得不划算。当时，以我的职位去巴结领导，那还轮不上，能够跨级巴结成领导的，都有特殊才艺。比如我们第一位一把手，他爱打乒乓球，全员勤学苦练乒乓球，的确有人靠球艺获得了提升，但是，他三年就走了。第二位领导，他爱京剧，于是全员去唱京剧；第三位超级喜欢邓丽君，大家又都去学《我只在乎你》；第四位、第五位比较有延续性，他俩爱书法，这个爱好大大提升了我们单位的练字水平。

"可是，再有实权的领导，都有人走茶凉的那一天，我何必为了他们的喜好勉强自己学这个搞那个？再说，领导总还是需要干活的人吧，我不如把精力放在自己的专业上，只要工作成绩过硬，哪怕得不到额外的奖励，却哪儿都少不了你，这才是核心竞争力。"

后来，传统媒体下滑，多少单位里曾经红极一时的人物都被雨打风吹去，她却在新媒体时代，凭借一身扎实的功底，自己创业开工作室。当年积累的一切都派上了用场，口播、剪辑、灯光等，一个人相当于一个团队，很快打开了新天地。

偶尔我们见面聊起当年，我开玩笑："幸亏当年没去唱京剧、打乒乓球，把精力都花在了自己身上。"

她也笑说："你以为平心静气地看着别人被表扬、被提升，是件容易事？我也挣扎过很久，后来还是忍住了。一辈子短短几十年，要分清楚别人的眼光和自己的收获哪个更重要，不是容易事。功夫花在自己身上，才是所谓的捷径。"

职场中，钱多活少却技能单一的工作，究竟是不是工作？某个工龄长、经验多、资历老的员工突然被裁，到底是不是因为中年危机？

人是环境的动物。电影《肖申克的救赎》里有个细节，说被关了一辈子的囚犯，一开始痛恨监狱，但久而久之，他们适应了监狱，开始离不开监狱了。

当职场变成了一锅温水，人就成了温水中的青蛙。变得安逸的工作环境和逐渐麻木的混日子心理，都是需要警醒的信号。

3. 做时间的朋友

35 岁，是一些人的最高峰，也是一些人的分水岭。

坦白地说，如果工作只拼体力，35 岁确实会焦虑。但除了体力之外，再加上资源、阅历、思维呢？35 岁可能才开始享受到年龄的优势。

对有些职业和技能来说，年龄大根本不是问题，年龄小才是问题。去医院看病，你是更倾向于找一个刚从医学院毕业的年轻医生，还是找一个 40 岁或者 50 岁的中年医生？如果是看中医，老中医就更受欢迎了。

医生是越老越吃香，教授是越老越渊博，律师是越老越有经验，设计师、科学家、技术人员、手工艺人更是如此。

对他们来说，年龄代表着资历，时间并不是敌人，而是增值的朋友，甚至最好的复利。

就像那个"国王与麦粒"的寓言。国王打算奖赏发明国际象棋的人。这人说："请您在棋盘的第一个格放 1 粒麦子，第二个格放 2 粒，第三个格放 4 粒，第四个格放 8 粒……这样每格放的麦粒都是前一格麦粒的倍数，直到放满第四十六格，我就要这么多麦子。"

国王高兴地答应了，还心想这人真傻。

结果是，棋盘上有 64 个格子，以 4 万粒麦子一公斤计算，放到最后一格，需要 4611 亿吨麦子。相当于今天中国 689 年的粮食总产量。这就是复利的力量。

时间可以变成复利，也能变成损耗。如果我们赖以谋生的职业，只是一份随时可以被替换的工作，而自己又是一个功能单一的螺丝钉，那么三年、五年、十年的损耗之后，自然会有更年轻、更便宜的螺丝钉来取代。

一个人的核心竞争力，永远是与他的不可替代性成正比的。从现在开始，规划起来，把单一的功能性转变成多维的系统性，把自己一步步从"标准产品"，变成独特、不可替换的手艺品，抓住自己的财富机遇，找到自己的人生棋盘，放下第一粒麦子，假以时日，你会收获时间的奇迹和年龄的馈赠。

谁都经历过 20 岁的迷茫，又陷入 35 岁的恐慌，这不代表没有翻身的可能。只要我们记得，无论年龄几何，最终能让我们安身立命的，从来不是一份稳定的工作，而是我们的本事，也是我们在财富棋盘上的"本金"。

结尾，我补充一个35岁危机的故事。

开头那位跟我聊起35岁危机的互联网大厂朋友，所在的部门被整体撤销，她重新安顿下来很久之后，才告诉我，她换了小的房子，孩子暂时不上国际学校，而是选择公办初中，她也找了一家民企继续工作，虽然待遇远远不如从前，好在不像从前那么忙。心里虽然有落差，但接受了人不可能只上不下的现实，也挺平静的。

是的，不仅是35岁有危机，任何年龄段都可能遇到危机，接住生活的起落，调整自己的节奏，重新规划财务，这才是一种正常和成熟的心态。

第四章

花钱有智慧

买奢侈品，不如把自己变成奢侈品，

能够在岁月里发光，而不是在账单中仓皇。

实现"无痛攒钱"

既能"攒钱",还能"无痛",这是什么神仙方法?

这立刻引起我的好奇心。

1. 攒钱,真能无痛吗?

我第一次接触"无痛攒钱"这个词,是因为我们公司的实习女生小芸。她是个咖啡重度爱好者,每天早上都会拿着一杯美式来上班,午休过后再点一杯拿铁。有一阵子,我看她不再捧着店里购买的咖啡,而是换成了更经济的挂耳咖啡。她说,自己正在执行一种无痛攒钱法,每次攒钱数额小,周期短,在不知不觉中,就能实现痛感很低的攒钱计划。当然,也正因为数额小、周期短,所以目标不能定得太大,拿她自己来说,用挂耳替代外卖咖啡,每天能攒 40 元,三个月下来,就能攒够钱去买喜欢的那款技术难度很大的乐高玩具。

不仅小芸,当下很多年轻女孩都热衷于"无痛攒钱"。

像老一辈一样把钱全部攒起来不花，不符合她们享受当下的生活方式；当月光族，也不符合对于安全感的要求。"无痛攒钱"刚好介于两者之间，既培养了储蓄习惯，也实现了小目标，过程不至于活得太辛苦局促。

一个乐高，一次旅行，一张演唱会门票……无痛攒钱，攒的是类似的短期目标。

那对于长期目标，攒钱真的能"无痛"吗？

央行发布的《2022年金融统计数据报告》显示，截至2022年10月，我国居民总存款为115.20万亿元，其中，定期存款79.74万亿元，活期存款为35.46万亿元，两项都创下了历年新高。

在目前银行存款利率不断降低的大趋势下，居民存款却大幅度增加，对此你的第一反应是什么？人们对于消费越来越谨慎了，能不花尽量不花；相比于投资和房产，人们现在更乐意把财富分配到储蓄上——这些看法都有道理，但也只能代表一部分人群。

西南财经大学发布的《中国财经报告》提到，从我国的储蓄结构数据来看，储蓄金额最多的10%的家庭，他们的存款金额占到全部储蓄金额的 70%；储蓄较多的 35% 的家庭，他们的存款金额占到全部储蓄的 25%；而剩下 50% 的家庭基本没有储蓄。

换句话说，每 10 个家庭里，一半没有储蓄，新增的存款，更多集中在中高收入群体。中低收入群体的主要经济来源是工资，中高收入群体则有一部分为财产型收入。所以，大多数普通人想要完成买房、买车、健康维护、购置保险等这些中长期目标，储蓄不会完全无痛。

就像读者小圆告诉我，今年体检时，医生查出她的口腔存在健康隐患，需要拔掉两颗智齿，另外建议她佩戴牙套矫正器。算下来，隐形牙套要花费 2 万多元，金属牙套则是 1 万多元。小圆工作四年，有 8 万元存款，精打细算后，她觉得健康最重要，选择立刻解决牙齿的病症，但基本不动用存款，具体方法是——用金属牙套，同时一年不买新衣服，把服装费省下来，作为健康投资。

相较于"无痛攒钱"买的乐高、旅行、演唱会门票，小圆的攒钱计划更紧迫，虽然有存款却坚决不动用，本质上是因为缺乏财务安全感。

2. 攒多少钱，才能支撑起财务安全感？

"财务安全感"不完全取决于年收入，更多是取决于收支结构，或者说债务状况。

我举两个例子。

案例一：在北京工作的小张，背了一套房和一辆车的贷款，每个月需要给老家的父母生活费，女儿刚上幼儿园，也正是花钱的时候。她每月4万的薪资，扣掉贷款和生活必需开销，所剩不多。小张压力很大，工作上遇到不顺心的事也不敢随意辞职，万一贷款"断供"，自己将会面临更大的压力。

案例二：小宋生活在某三线城市，在房价上涨之前，父母凑钱给他买了个小套房，没有贷款压力。因为住得离父母近，小宋工作日不用自己开火，每个月8000元钱工资，还能存下一小部分。小宋挺满意现在的生活，他比较佛系，不刻意强求升职加薪，觉得现在就挺好。

从这两个例子可以看出，收入和财务安全感没有必然的正相关，只有当支出和债务远低于收入的时候，财务安全感才会上升。另外，"财务安全感"更多时候是一种心理感受，而非实际情况。比如，我常常听到公司小伙伴抱怨："钱总是不够花""存钱好难""感觉自己越来越穷"。可有意思的是，这样抱怨的人，往往有一份还不错的工作，拿着高于平均线的薪资，并不是生活在温饱线之下的"贫困"。

的确，"缺钱"和"贫困"是两种概念。当欲望远远大于收入，人们的财务安全感就会降低，产生"缺钱"的感受。

英国社会学家齐格蒙特·鲍曼，就把这种感受描述得很具体，他在《工作、消费主义和新穷人》这本书里说："贫穷并不仅限于物质匮乏和身体上的痛苦，也是一种社会和心理状况。每个社会都有'体面生活'的衡量标准，如果无法达到这些标准，人们就会烦恼、痛苦、自我折磨。贫穷意味着被排除在'正常生活'之外，意味着'达不到标准'，从而导致自尊心受到打击，产生羞愧感和负罪感。"

鲍曼提出了"新穷人"的概念，他认为，这一类人不是传统意义上没有工作或没有收入的穷人，而是没有足够的钱、不能随心所欲购买自己的想要物品的消费者。

3. 当我们攒钱时，攒的并不仅是钱

随着社交网络的发达，我们可以从各类平台上看到别人

晒的出国旅行、新款手机、大牌包包，越来越多的"高品质生活"和"高收入人群"进入大众视野，大家在无形中产生攀比心理。很多人对于"必需品"的定义不再局限于衣食住行，而是延展到了奢侈品、豪车、手表之类象征身份和品位的东西。这样一来，再怎么攒钱、提高收入，跟不上欲望的增速，财务安全感也很难提升。

不同年龄段的人，攒钱的具体目标不同，但是，本质上都是为了追求更优质、更长远、更有安全感的生活。他们当中，有人像文章开篇的小芸，为了实现兴趣爱好，日拱一卒地实行着"无痛攒钱"计划；有人像小圆，面对突发的大额开支，预备节省其他方面的开销；也有人无法平衡收入和欲望增长之间的关系，攒钱是为了兑换价格昂贵的奢侈品；还有很多人，比如在北京工作的小张，背负着贷款和家庭责任，虽然收入高，但开销也大，她们攒钱是为了建立安全感，哪怕是换工作的底气。

攒钱是一件有付出就有回报、成果可以量化的事，对大多数普通人而言，也是务实的抗风险方式。攒钱的意义不在于存款数量多少，而在于通过攒钱，明确对未来的规划，包括衣食住行的生活状态。

日本青年大原扁理，在 25 岁辞去忙碌的工作，搬去房租只需 2 万日元（折合人民币约 1200 元）的郊区居住，找了一份养老院看护的兼职。这份工作十分清闲，每周只上班两天，大原扁理削减了几乎一切烦琐的开销，虽然生活水平大不如前，但他却说自己无比满足："工作只是为了满足自己生活所需。如果过度工作，就失去了生活的意义。我从来没有觉得自己是贫困阶层，而是觉得自己很富足充实。"

过去，大原扁理只能通过物质填补快乐，就如古希腊神话中的西西弗斯，不断推动着生活的巨石，又不断被滚落的巨石碾压，陷入自耗的循环。当他舍弃过多的物欲，才换来了自己更想要的自由。在每周 5 天不需要上班的时间里，他找到很多免费的乐趣：网上看看电影，去图书馆翻翻书，或者骑着单车流连于山川和森林间，耳目尽享声色景致，在清晨之际郑重迎接一次朝阳，在夜色无垠中欣赏星月。

隐居 10 年后，大原扁理将自己的生活方式用文字记录下来，出版成书，名叫《做二休五：钱少事少的都市生活指南》。书籍一上架，就登上了日本亚马逊的销售排行榜，他成了畅销作家。大原扁理将稿费留作一笔应急理财产品（即养老金）。除此以外，他的生活并无多大改变，依旧坚持着"断舍离"。

他说："没有钱就没有自由，这太不自由了。"

或许，砍掉多余的欲望和诱惑，放下"必须拥有"的执念后，我们与世界、与他人、与自己的关系反而会更坚实，内心也会更有安全感。

―――――――――――――― 画重点 ――――――――――――――

"缺钱"和"贫困"是两种概念：当欲望远远大于收入，人的财务安全感就会降低，产生"缺钱"的感受。

英国社会学家齐格蒙·鲍曼提出了"新穷人"的概念，他认为，这一类人不是传统意义上没有工作或没有收入的穷人，而是没有足够的钱、不能随心所欲购买自己的想要物品的消费者。

钱花在哪里，更有幸福感？

对生活的掌控感，源于在有限的收入中，平衡欲望和支出。钱花不对地方，反而带来焦虑。

1. 被虚荣心透支的精力和金钱

我有一位做空姐的读者 Ada，她给我讲了个故事。

在 Ada 服务的航班商务舱来了位女客，落座后的要求不是饮料和热毛巾，而是请 Ada 给她拍照，务必拍到自己最满意的样子。那天商务舱客人很少，所以，Ada 竭尽全力满足这个要求。客人测试了仰角 30 度、正脸、侧面、微笑等各种表情和姿势，提出了更高难度的需求——请 Ada 像拍明星街拍一样，帮她在机舱里假装不经意地连拍，Ada 悉数照办。

然后，就是女客的自拍时间。她几乎拍摄了飞机上每一处细节：报纸、果汁、座椅、拖鞋、饮料单……并且赶在飞机起飞前的最后一刻修完图，发了朋友圈。

临行道别，女客主动加 Ada 微信，于是 Ada 看到了女客登机前发的朋友圈，内容是：又飞了，xx 航空公司的餐食还是一如既往的勉强。

后来，女客偶尔向 Ada 询问一些头等舱的餐饮和设备，甚至有一次，对方秀出了 Ada 告诉她的商务舱设备，看上去很老到的样子。但是 Ada 知道，客人是积分攒够了，偶尔升级到了商务舱。对方朋友圈里发的都是"高配生活"，包括精心修饰的美食照、运动照、工作照，展示的状态经常是入住高档酒店、坐商务舱出行。

讲完这段经历，Ada 诚恳地说："筱懿姐，职业让我接触到很多假装秀一下'我过得很好'的人，但是，基本上在迎客阶段，空乘就能大概判断出谁经常坐商务舱，谁偶尔被升舱上来。是不是商务舱常客，并不影响我们对旅客的看法，有人经常坐高舱位却品行猥琐，有人偶尔坐却谦逊有礼，大家都更喜欢有涵养的人。但是，一个人的自信如果仅仅依靠几件物化的东西支撑，就太脆弱了。"

我特别特别赞同 Ada 的话。

所以，当她问我有没有"假装过得很好"的经历，我也坦率地承认：当然有。

哪个女人不希望自己看上去过得优裕一点儿，只是表演过度，就成了虚荣。35 岁以后，我越来越回归本真的面貌，不愿再用别人的眼光和好评决定自己的生活，包括自己消费的方向。

2. 戒掉攀比心，能节省很多钱

多年前，我参加一档综艺节目，凑巧在我家附近拍摄，于是我一个人去现场，成为唯一没有带助理的嘉宾——那会儿，公司刚成立，我的助手留在办公室处理工作，远比她在现场空站着，照顾我的日常琐事要有价值得多。

也就是这一次，我彻底丢掉了"显得自己很牛"的心理障碍，我独自拎着鞋、抱着衣服、打着伞，上场时就耐心地拍，候场时就看看书。

编导善意提醒我："筱懿姐，你在这里看书会不会显得很奇怪？要不要和其他导师一起聊天，气氛也会更好？"

我谢过她的好意，说："其他几位导师是同行，都有演艺圈资源，大家可交流的事情很多，我是圈外人，参与进去彼此都拘束。"

编导点点头，让我有事招呼她。

第二天，熟悉的化妆师再次问："你为什么不和别的嘉宾一起吃夜宵？别拍完节目就回家呀！还要在现场捧一本书，看上去有点儿装清高！另外，人家都带着助理，你就算平时没有，这会儿也要带一个呀，不然别人觉得你没有实力。"

化妆师一脸真诚操心的模样，我感动地拍拍她说："因为拍摄实在太消耗精力了，所以，我更不能浪费时间，看书对工作有实质帮助。至于助理，明明我自己能处理好，干吗还要耽误其他人？我们初创公司，大家都一个人掰成两半地忙，就不假装有实力了。"

那次综艺拍摄，我还向化妆师学了很多专业知识，自己就能搞定日常活动的妆容需求了，这是很务实、很省钱的本事。最意外的是，低调的化妆师居然是个真正的富家女，家里代理了很多大牌，朋友圈却没有一张秀生活的照片。我们俩都认同：比起热络但无意义的寒暄，合理规划好自己的时间比什么都强；比起光彩照人修合影的塑料姐妹花，真心相伴的朋友更珍贵。

没有必要把精挑细选的一面展现在人前，就为了拉个无关紧要的羡慕。不隐藏自己的不会和不懂，不放过任何一个或许会出丑，但能学到真本事的机会。

因为，除了至亲挚友，谁也不在乎你过得怎样。

3. 与其花钱买东西，不如花钱买体验

35～45岁的这段时间，我重新规划了自己的消费结构，尤其是 2020 年到 2023 年这几年，因为闭门在家，我买的那些名牌包没有场合用，贬值幅度大到令人惊叹：2010 年巴黎世家各种大机车包，二手价都高达八九千，现在一千多元；2012 年《碟中谍 4》上映，火到爆炸的"杀手包"，当年二手都要九千多，现在一千多；某些品牌的走秀款，因为过度别致，反而充满年代感，无人问津……也的确有些经典款式没贬值，但时间久了，有了使用痕迹，也很难再出售。

当年帮我买包的小姐姐，开玩笑说："二级市场才是衡量品牌价值的照妖镜，很少有款型经得起时间考验。"

就像日本理财师大竹乃梨子所说："即便对于房屋、汽车这样的生活必需品，也可以租赁、回收、共享，人们的价值观转变得更加多样化，降低了'虚荣消费'，甚至从'持有'时代向'活用'时代转型。以'购买某种物品就能被别人瞧得起'为动机而进行的虚荣消费，逐渐失去适用对象，尽管花了大价钱用购买的物品粉饰自己，想让别人觉得自己过得好，但其实外人根本不会在意。"

因此，我也把自己的消费结构调整为三个大的层次，分别是：第一，日用物质消费；第二，精神提升消费；第三，

体验升级消费。

第一层，日用物质消费，主要是：衣食住行。但是，这一大类丰俭由人，比如，我可以一年不买新衣服，也可以半年不做美甲，从稀有水果换成普通水果，从昂贵护肤品换成普通护肤品，这里的调整空间很大。

第二层，精神提升消费，主要是我自己的培训、阅读、看电影、看展览等费用，也包括女儿的教育开支，所以，这对我来说是一笔很大的开支，而且在我看来必不可少。

第三层，体验升级消费，主要是购买某些体验或经历的开销，比如旅行，住某个有特色的酒店，吃顿米其林大餐，体验攀岩等户外运动，请健身私人教练，等等。我把这些叫作体验类消费，并且越来越愿意在这个领域花钱，因为花钱买经验，其实非常实惠，能够感受到切实的回报。

我父母都是很节约的人，爸爸过生日时，我带他们去了家黑珍珠三钻餐厅，点的所有菜都是家里无法烹饪的，爸爸一开始责怪我浪费，但是，当他品尝美食，询问厨师餐食做法，与服务员交流，欣赏精美的餐具，感受餐厅的氛围之后，他感到非常值得。周围客人的举止和装扮，也给予他别样的启发，与他日常接触的老年世界截然不同。

后来，爸爸对我说："人生是由体验构成的，具体的物品生不带来、死不带去，体验感才是最好的礼物。"

我非常认同。

花钱买东西，不如花钱买经验，体验感的珍贵不在于消费本身，而是通过身处其中的每一分钟，把自己外化成环境的一部分，也把环境内化成自己的一部分，言谈举止、思维方式都会有不同的触动，甚至带来正向激励——下次还要去一个如此美好的地方、下次还要学一项新的技能，从而让自己拥有继续奋斗的目标，获得继续赚钱的动力。

而且，真正沉浸于体验感的人，不会像文章开头空姐Ada说起的客人一样，目标在于展示高人一等的生活。体验带来的是自我感受和自我追求，无须过度表达，自己内心拥有幸福感即可。

即便对于房屋、汽车这样的生活必需品，也可以租赁、回收、共享，人们的价值观转变得更加多样化，降低了"虚荣消费"，甚至从"持有"时代向"活用"时代转型。以"购买某种物品就能被别人瞧得起"为动机而进行的虚荣消费，逐渐失去适用对象，尽管花了大价钱用购买的物品粉饰自己，想让别人觉得自己过得好，但其实外人根本不会在意。

糟糕的不是没钱，而是对钱没有概念

我对金钱的概念，是慢慢建立的。

最基本的一点，就是学会"比价"和"算账"。

1. 越富有的人，越对钱有概念

有一次，我去中国香港出差，住在一位非常富裕的好友家里。

她家有司机，但我俩日常出行都是公共交通。我们一起算了一笔小账：地铁系统非常发达，而且不用担心堵车。用八达通坐一次地铁，按照距离远近，不过海的价格是4.8元港币起步，最高大约20元港币；如果去东铁线过深圳，大约40多元港币。假如开私家车出行，在中环，两小时的停车费就要50元港币打底，更不用说司机找停车场和堵车浪费的时间。

这样换算一下，我们对钱和时间都有了清晰的概念。

好友还告诉我，现在她和朋友们经常相约过关到深圳购物，家里的日用品和吃食基本上都是从深圳搬运回来的。她拿起饭桌上的一个馒头，对我说："这个在深圳的山姆超市里，大约 3 元钱一个。每到周末，香港市民都会蜂拥到深圳购物，尤其山姆这种大型超市，已经成为香港市民的必打卡景点，甚至还有直通山姆的专线大巴。以前，香港特别行政区是人们心目中的购物天堂，现在，香港市民涌入内地消费，大家都是哪里便宜去哪里。"

我确实没想到，像她这样已经过上非常富裕生活的人，还会在一个馒头、一包抽纸上精打细算。

另外一位朋友是音响发烧友，前些年，她送给我一个小小的苹果音箱，两年后我过生日时，她到我家祝贺，又送来了很贵的宝华韦健音箱，还帮我把旧音箱拆掉，把新的安装好，手把手教我使用。令我意外的是，她捧着旧音箱挺不好意思地问："筱懿，旧音箱你还有用处吗？假如你不用，我可以带回去，放在我们公司的'爱心交换台'，需要的人就可以把它带回去继续用。你方便吗？"

旧音箱对我来说确实没有用处了，我马上答应说："好呀，你带回去。"她笑着说："你别笑话我小气啊，我们不用的物品，可能其他人会有需要，尤其咱们俩这么熟了，我就直接问你了。"我非常感动,对她讲:"我怎么会笑你小气呢,你这是难得啊。"

我非常清楚,之前的小音箱,我用了两年折旧下来,本已不值太多钱。但朋友这种爱物惜物,并且非常坦诚的做法,让我感动。

她经营着一家规模挺大的公司,虽然不差钱,却对金钱有概念。我还记得很多和她相处的细节,比如,每次吃饭,她都精心挑选饭店,用心点菜,请大家吃品质好的食物,但她有个规矩,假如菜点多了吃不掉,全桌人必须全力以赴,先把蔬菜吃完,因为蔬菜不能隔夜,再把肉菜打包带走回家吃。

她是一个既大方又节俭的人,她的节俭不是抠门,不是只买便宜东西,不是不舍得花钱,而是物尽其用,懂得珍惜物品,既能享受高品质而不浪费,也能量力而行而不虚荣。

这是我很敬佩的金钱观。

2. 节约是穷人的财富,富人的智慧

法国作家大仲马说过:"节约是穷人的财富,富人的智慧。"

很多富豪花钱也都很节约,比如被称为"股神"的巴菲

特和他的妻子阿斯特丽德。《福布斯》曾报道，巴菲特夫妇一起去参加"亿万富翁夏令营（艾伦公司太阳谷会议）"，阿斯特丽德抱怨，度假村中提供的咖啡太贵了，一杯售价为 4 美元（约合人民币约 28.5 元），"同样的价格，我可以在要价合理的地方，买到一磅的咖啡"，她吐槽说。其实，让巴菲特夫人嫌贵的 4 美元咖啡，已经是店里最便宜的一款了。这件小事之所以引起热议，是因为相比巴菲特超过千亿美元的财富，4 美元的咖啡显得太微不足道了。

实际上，不仅是夫人"抠门"，巴菲特本人，更是出了名的节俭。

至今，他依然居住在内布拉斯加州奥马哈市的一栋老房子里。这栋房子是他在 1958 年，以 31500 美元（约合人民币 22.5 万元）的价格购入的。

有人曾这样描述巴菲特的穿着："他身上的衣服总是皱巴巴的，领带常常太短，位于腰带上方好几寸，鞋子也磨损得厉害，外套和领带通常一点儿都不搭配，如果穿西装，也是早就过时的保守样式……"

在 2013 年接受 CNN 采访时，巴菲特透露自己还在用一款非常老式的诺基亚翻盖手机，直到苹果 CEO 库克送给他一部 iPhone 11，他才终于放弃了老掉牙的旧手机。

巴菲特还开玩笑说："任何东西，我如果没用上个 20 年或者 25 年，是绝不会扔掉的。"他甚至因为爱打折而赢得了"折扣券收藏家"的美称，据说他还会折价购买被冰雹砸伤的汽车，每天上班时的早餐都在麦当劳解决。

大多数日子里，巴菲特的早餐费都不超过 3.17 美元。他会根据市场的涨跌来决定早餐吃什么，"当我觉得市场不那么繁荣时，我会选择 2.61 美元的早餐；如果当天早上的股票下跌，我就不想吃 3.17 美元，而改吃 2.95 美元的早餐"。

几年前，当巴菲特取代比尔·盖茨成为新一轮的全球首富时，记者打电话向他表示祝贺，他幽默地表示："如果你想知道我为什么能超过比尔·盖茨，我可以告诉你，是因为我花得少，这是对我节俭的一种奖赏。"

对于巴菲特的自谦，比尔·盖茨也幽默回应："我很高兴将首富的位置让给巴菲特。以前我们在一起打高尔夫球时，他为了省钱居然不买高尔夫手套，而是用创可贴。虽然打起球来不好用，但他省了数美元。我想这是他当选首富的主要原因。下次我们再打高尔夫时，我必须连创可贴也不用，一定要胜过他。"

我们常常有种错觉，就是对于有钱人来说，钱只是一个数字，可以肆意挥霍。而对于普通人来说，每一分钱都有它确定的来处和具体的用处，钱是柴米油盐，是房贷车贷，是水电费、燃气费、电话费……

但现实中，很多人对钱的概念很模糊。

3. 不要把欲望当成需求

创维集团创始人黄宏生先生，曾给年轻人提过如下建议。

第一，年轻人一定要对钱有概念。一次打车30块等于坐公交一个月，一杯星巴克40块等于一箱牛奶，一顿火锅200块等于20斤猪肉、1斤鸡翅、30个鸡蛋、10斤大米和1桶油，一台iPhone手机1万多等于1台空调、1台洗衣机、1台电视机、1台扫地机、1台烤箱和一台微波炉，完全够把家里的家具都添置齐了。

第二，有多少能力就花多少钱，不要超前消费。如果对花钱没有概念，大手大脚，当意外来临，除了一颗真心，什么都拿不出来。

这样一换算，是不是对钱的概念瞬间清晰了很多。美国金融作家大卫·巴赫还提出过一个很著名的"拿铁因子"的概念。一对夫妻，每天早上出门都要买杯拿铁，习以为常，也没觉得有什么不妥。如果以"抠门"的巴菲特夫人买过的店里最便宜的咖啡 4 美元，约合人民币 28.5 元计算，这看似很少的一笔花费，30 年累计下来，最后所需的费用竟然达到了 62 万元人民币。

这就是著名的"拿铁因子效应"。

拿铁因子，指的不仅是那一杯拿铁，而是我们在生活中很多可有可无、非必要、习惯性，但却能积少成多的支出，类似的还可能是香烟因子、奶茶因子、盲盒因子……

更多的还有这些熟悉的消费支出：正在打折却不需要的小东西，每月几十元的各种 APP 会员的费用，十分钟就能走到的路程也习惯性地叫个网约车，一时兴起冲动买来穿上却不合适、就此闲置的衣服、鞋子、饰品……每一笔钱，看似都是小钱，所以花的时候不痛不痒不心疼，几乎没有感知，这正是拿铁因子效应让人毫无察觉的主要原因。

所以，不要小看这 10 块、那 20 块，看看我们每月的账单就会明白，收入都是如涓涓细流一样不断地被花出去的。相反，如果把这些不起眼的小钱存起来，日复一日，经年累月，也会是一笔数目不小的储蓄。

同时，我们也不要把欲望当成需求。松浦弥太郎在他的《你啊，内心戏超多》中也写道："欲望和需求是两个东西，而我们的不幸福，却是因为不小心把快感当成了幸福感，把欲望当成了需求。克制会使欲望变得简单，只有过滤掉不必要的部分，才能更加专注地去生活，更加享受每一次身处其中的过程。"

更不要被那些"钱是用来花的，不是攒起来"的话迷惑，控制日常生活中的"拿铁因子"，把钱花在最能产生新价值的地方，而不是把钱花在向他人展示和炫耀的地方。

画重点

分享我的8个"不买原则"：

1.超出自己能力范围的，浪费时间的，不买。这里不仅是指特别贵的，也包括我买了以后伺候不了的，比如，有段时间我迷恋盲盒，单个买也没多贵，可是买多了就是一笔不小的费用，放在家里打扫卫生都成问题，这就超出了我的能力，所以后来也不再买了。

2.短期内用不着的，不买，避免囤积和过期，包括抽纸、卫生巾、护肤品、柴米油盐等，快用完时再买，活动力度再大都不动心。

3.无法坚持使用的，不买。比如美容仪，15年来，我只买了4个美容仪，每一个都物尽其用，虽然美容仪这种产品经常更新换代，但我不为所动，秉持买就得用，不用坚决不买的原则。

4.可买可不买的，不买，避免增加生活成本。我头发的长度很适合戴发箍，所以有一段时间我特别爱买发箍。但其实好搭配的就那几个，其余都是可买可不买的，毕竟我只有一个脑袋，对吧？后来也不再买了。

5.功能重复、品牌溢价太高的，不买。比如包包，其主要功能是装东西，或者彰显身份和审美。我以前特别爱买秀场款、设计师款，这类包包上市时特别贵，而风潮过了之后贬值幅度很大，远不如经典款保值。所以，我现在绝大多数时候拎个布袋子，偶尔拿一些大牌经典款，再有几个平价设计师款，出席不同场合也就够用了。

6.对身体健康有害的，一定不买，比如：高温油炸类的汉堡、炸串，腌制类的咸菜、腊肉，生冷类的冰激凌、冷饮，含糖太高的可乐、奶茶、夹心饼干等。我花了很多年才把饮食习惯调整到低油、低盐、高蛋白，假如再花钱破坏饮食结构和健康，实在太不划算。

7. 不适合自己的，再便宜也不买，买了一定会后悔。我被女儿拉着逛9元店，还有文具玩具店，开始觉得新鲜，随着她买了不少手机壳，但其实这些"便宜的小可爱"大多是"美丽的废物"，是小少女粉色梦想的一部分，她长大以后就慢慢不喜欢了。

8. 不买让自己犹豫的东西，只要在下单前有一丝的犹豫，就立刻停下来；不买凑单的东西，绝不为了达到一个数字、多拿点赠品而买任何东西。

穷女人和富女人，有什么差别？

过去多年的观察，让我发现了一个有意思的现象：一个人的实际财富水平，可能和目测的富有程度刚好相反。

1. 看上去"有钱"，未必真有钱

我第一次见章总大约是在二十年前，在一家豪华酒店，当时我还是记者，她是一个身家十几亿的地产企业老板，一位创业成功女性典范，也是我的采访对象。

偌大的酒店咖啡厅，空空荡荡，只有我们一桌客人，她很随意地说："这儿平时人挺多的，我怕打扰到咱俩，就把今天下午包场了。"因为经常出差和接待客户，她一直住在这家离公司最近的酒店，当年一晚千元的房费，她经常一住就是一年。

章总的创业经历很传奇，没有小步试错的初创期，也没有谨慎求稳的转型期，每一步都是大刀阔斧、不留余地，"all in"是她最常讲的词。

熟悉房产市场的朋友应该知道，二十年前的房地产行业是发展特别快的领域，老百姓兜儿里但凡有积蓄，无论自住还是投资，买房都是不二之选，所以，章总的地产生意蒸蒸日上，她也扩张了一些投融资项目。

　　采访进行得很顺利，一来二去，我们成了朋友。

　　我们偶尔一起吃饭、喝茶，她很自然地跟我安利她新买的包包和首饰，没有炫耀的意思，却每一件都是限量版，当时大多数普通人只能在杂志上看到的品牌和型号，在她这里都是日用品。有一阵子我受她的影响，也买了一些大牌包包和衣服，虽然使用频率很低，穿戴起来也很拘束，但我当时认为是自己的经济实力没达到章总的程度，不然哪会缺少幸福感。

　　直到我多年后认识了孙老师，这种想法才发生根本性的转变。

　　我跟孙老师在插花课上相识，她衣着简单朴素，脸上几乎看不出化妆的痕迹，喜欢背一只帆布袋，经常骑共享单车来上课，据此我猜测，她可能是住在附近小区的家庭主妇。

　　因为她插花技法娴熟，我常向她请教。在孙老师的指导下，我的手艺也提高不少，为了表达感谢，我偶尔会带小礼物送她，于是她邀请我去家里吃便饭。

我才发现：孙老师住在豪宅中。

她家离市区不远，位于闹中取静的一片住宅群中，是一座独门独院的清幽小别墅，门脸不大，走进去却很开阔，装修风格和她的装束一样，是朴素路线。孙老师的厨艺也特别棒，在逐渐深入的交流中，她使我对"财富"二字有了全新的审视。

孙老师早年理财挣到了第一桶金，和丈夫共同创立一家公司，两人因为管理理念不合而分开，她分得部分房产，从公司剥离出来，自己开了一家早教机构，经过多年经营在行业里打出了口碑。同时，她把自己的房产做了整理，卖掉一部分，出租一部分，她的早教机构就开办在自购的写字楼里，减少了成本，虽然看上去规模不大，却保证了现金流充足，运营良性。

她说："可能我比较胆小吧，十年只开了两家分店。我始终觉得，做透现有的业务，在服务好现有用户的基础上，再去吸引新用户。我很幸运，很多老顾客在有了第二个、第三个孩子之后，依然因为之前好的体验而选择我们。还有，对待现有员工用心些、慷慨些，他们打工就图个舒心、待遇好。我做好这些基本功，比盲目扩张有用得多。"孙老师笑了笑，继续说，"这套别墅我也打算卖掉，孩子明年就出国上学了，我一个人不用住这么大的房子。"

看着她不紧绷的样子，我明白，她自谦的"胆小"，其实是务实。

章总和孙老师，如果单看外在：一个是光鲜亮丽、身家过亿的女老板；一个平凡朴实，像每天埋头于家务的主妇。但实际上，她们俩的真实财务状况是反过来的。

章总公司规模大，正因此，各项开支惊人，收支基本打平，资产在没有变现之前，都只是账面上的数字，再加上她"赚多少花多少"的消费理念，个人财富并不丰厚。后来，我和她因为工作变化多年未见，最后听说的消息是，她的公司资金链断裂，她被列入"失信黑名单"，被限制了高消。

孙老师业务规模小，但成本可控，收入可观，加上她从很早之前就做了科学的理财规划，仅论个人财富是远超章总的。

2. 现代女性正在抗拒消费主义的裹挟

从孙老师的身上，我们可以看出女性的消费观正在发生变化。

进入现代社会以来，随着就业机会和收入的增多，女性的经济和社会地位显著提高，消费需求和欲望蓬勃增长，"她经济"崛起，带动了更多女性消费。

第一财经商业数据中心自2020年起，连续发布《女性品质生活趋势洞察报告》，当时，中国女性消费市场规模已破10万亿，女性用户在综合电商领域渗透率已达84.3%，中产女性消费趋势指数远高于全国整体平均水平。

但是，在这样的大趋势下，也有不可忽视的小趋势：有越来越多像孙老师一样的女性，开始抵制过剩的消费主义，逐渐找到一套平衡适度的消费方法论。

豆瓣有一个"消费主义逆行者"小组，30多万组员通过理性讨论，反向"种草"，比如：有人对昂贵的羽绒服做了成本分析，得出结论，昂贵的羽绒服和几百块的普通羽绒服并无太大差别。还有57万组员的"抠门女性联合会"，58万组员的"丧心病狂攒钱小组"，等等，也在倡导并践行着理性消费的行为。

"消费"一词最早可追溯到14世纪，而"消费主义"则是在现代社会的发展下成长起来的。当"消费"成为一种"主义"，人们消费的目的就不仅是满足实际需求，而是不断追求被制造、被刺激出来的欲望的满足。

近两年来，已经有很多女性的消费理念从"买买买"转变为"能不买，就不买"，不冲动、不盲目，买之前想清楚，买回来物尽其用。

这不是抠门小气，而是把消费主导权，从铺天盖地的商家促销中重新掌握到自己手里。女性想要的不再是集齐所有色号的口红，而是一种更为精简和理性的生活方式。女性也不再需要通过一只昂贵的包包来证明自己的身价，她们拥有了对自己的定价权。

3. 更注重以投资的心态花钱

比尔·盖茨说："巧妙地花一笔钱和挣到这笔钱一样困难。"我想，现如今会有更多女性对这句话感同身受。

花钱并不难，难的是怎么把钱花出最大效能。

不瞒你说，在我刚开始独立生活时，也经历过"这也想买，那也想买"的阶段，一段时间下来，我的衣橱挤到爆炸，很多衣服只穿了一两次，它们有的很快就过时，有的压根儿不适合我。

工作了几年之后，我逐渐意识到，金钱是一个越来越重要的课题。除了想办法增加收入，我开始研究自己的消费行为。

我不再频繁地花小钱让自己轻易获得即时满足，而是设立一些重要目标，去取代当下的购物欲。

比如：给父母买保险，一次国外旅行，买车，买房，等等。

每一次不理性的消费，都是对重要目标的提前透支，从而让这些事一再往后拖，无法实现。而每一次重要目标的达成，都是对人生进行的一笔新投资。

生活里的小型消费也是如此。买衣服和配饰的时候，如果想到是在投资自己的风格，那么你就会再三考虑：它的款式是否经典？质量是否上乘？而不会只凭一时喜欢。

当我们带着投资心态去消费，自然而然就会摒弃掉一些不必要的消费行为。

现代女性或许不缺赚钱的野心和能力，缺乏的是对金钱的自律——两个积蓄差不多的女生，可能一个月薪八千，而另一个月薪几万。

当然，我们完全不用心急，转变消费观念和消费习惯，可能要经历一个比较漫长的过程。比如我自己，也经历了"拥有是最好的祛魅"这个阶段，因为年轻时买过、用过名牌，冲动地浪费过不少钱，所以中年之后才能更加了解自己的消费特点。

如果你已经开始有掌控金钱的意识，不妨多观察自己的消费习惯，花费大宗开支之前，问自己一句：我是因为虚荣心买它，还是真的需要它？它的维护成本高吗？

在日常消费中锻炼理智，相信通过努力，你不仅能拥有更多积蓄，达成更多重要目标，还能收获更清透、更有品质的生活！

画重点

每一次不理性的消费，都是对重要目标的提前透支，从而让这些事一再往后拖，无法实现。而每一次重要目标的达成，都是对人生进行的一笔新投资。

生活里的小型消费也是如此。买衣服和配饰的时候，如果想到是在投资自己的风格，那么你就会再三考虑：它的款式是否经典？质量是否上乘？而不会只凭一时喜欢。

当我们带着投资心态去消费，自然而然就会摒弃掉一些不必要的消费行为。

财富和素质一定成正比吗？

现实中确实存在这样一种现象：财产丰厚，教养浅薄。

所以，不用迷信金钱。

1. 高消费不一定换来高素养

一次聚会上，我遇到两位女士。

其中一位穿着宽松随意的衬衫，背一只简单但别致的图书馆帆布包。另一位则化了精致的妆容，身穿剪裁得体的时装，手指甲做着昂贵的"法式美甲"，首饰也是大品牌，形象非常光彩夺目。爱美之心人皆有之，我也忍不住多看了她几眼。

这是两位女士给我留下的第一印象，但在吃饭过程中，这第一印象却被颠覆了。

起先，大家在聊实体经济，很多人表现出了悲观情绪，"帆布包"女士多次引用了《环球时报》和《经济学人》中的报道和观点，让大家不要过于焦虑。中途，有一位朋友说到自己要出去旅游，是一个非常偏僻和冷门的地方，在场没有人了解，聊天一度陷入冷场。这位女士出来解了围，她说："我是没去过，不过这是《国家地理》杂志去年评选出来的全球最佳旅游目的地之一啊，佩服你的好眼光！"说完，气氛瞬间变得轻松起来，大家就着旅游话题又继续聊了下去。

另一位套装女士呢，在聊天的过程中，多次贸然地打断别人说话，而且聊的话题也多是最近电视剧里某个明星的八卦或流行的包包款式。服务员上菜的时候，胳膊不小心蹭到了她的脸，她立刻嫌弃地抱怨起来，然后拿出镜子开始补妆。

回去的路上，同行的助理开玩笑问我："筱懿姐，你觉得这两位女士，谁的职位和经济水平更高？"

这要是放在十几年前，一位女性的财富状况和收入水平或许可以通过她背的包进行推测，往往谁的包贵，谁的经济地位就更高。但放在今天，答案可能刚好相反。大概率谈论《环球时报》和《经济学人》的那位女士的社会地位更高，甚至可以推测，她的经济状况也超过了那位谈论明星八卦、对服务员恶言相向的女士。

这是因为，用浑身堆满奢侈品的"炫耀性消费"来区分社会阶层的方法已经失效了。很多打着"高端"旗号的消费品已经不再是稀缺品，中等收入人群努努力，都能负担得起，名牌服装并不直接意味着穿着者是有钱人，可能是个人喜欢，也可能是工作需要。

2. 警惕"假精致"的陷阱

"炫耀性消费"带来的"假精致"，在无形中给很多女性的人生观和消费观带来了负面的影响。

有一位年轻女孩晓笛，曾经跟我分享过她毕业后的几年因为假精致而陷入的困境。硕士毕业后，晓笛如愿进入和自己专业对口的金融行业工作，收入在同龄人当中算是偏高的。由于工作性质，晓笛接触到很多投资圈大佬，也常常需要出入一些消费较高的场所。

于是，她开始买万元的包包、千元的化妆品，日常通勤的衣服鞋子也在买手店全套搭配好。为了进一步融入一线城市的时髦年轻人群体，她在闹市区租了一万多一个月的独居房，花大价钱重新装修了房子，买了许多不实用的家具。表面上光鲜的生活让晓笛收获了很多羡慕的眼光，也同时掏空了她的钱包。刚毕业一两年，她没有什么存款，很多消费都是以信用卡严重透支为代价的，甚至找朋友借了不少钱。有长达一年的时间，晓笛都是在银行和朋友们的催款中度过的。

她只能向父母求助，勉强还清了贷款。消费没有换来"体面"，反而让她在朋友当中丢尽脸面。晓笛不得不重新审视自己的生活，她发现自己的大多数消费都是没有必要的炫耀性消费，她的实力无法和自己穿的衣服、用的包匹配，更没有金钱长期供养这种生活。晓笛强制克制自己的购买欲，把身边大部分没有用的东西卖掉，搬到了舒适方便的小区，从追求高消费转到专注自己的健康和业务能力的提升上。花了很久的时间，她重新找回了生活的节奏，重新认识了自己的需求和能力。

3. 财富和素养不能完全画等号

一个人的消费素养是需要培养的，高消费并不一定换来高素养，同样的，低物欲也并不是拒绝购物，而是选择那些真正适合自己的、对生活有实质性提升的东西去消费。

法国社会学家皮埃尔·布迪厄提出过一个概念：我们在划分阶层的时候，通常只考虑到一个因素，就是财富状况，也就是一个人的经济资本。但其实，财富状况并不是决定社会地位的唯一要素。文化资本，即"那些非正式的人际交往技巧、习惯、态度、语言风格、教育素质、品位与生活方式"，我们可以概括为素养，也在决定着一个人的社会地位。

回到开头的那场聚会，表面上看，买一个大牌包包比买一本《经济学人》杂志要贵得多得多。但是，成为一个看国际性商业周刊的人，可比买大牌包贵多了。

首先，至少得接受过高等教育；其次，得花大量的时间学很多专业英文词汇才能看懂；另外，看完之后总要找人分享和交流，因此至少要有一个社交圈或几个专业领域的朋友。这就是文化资本在一个人身上的体现。

如果单看经济资本，的确有些人的收入已经相当不错，但如果加上文化资本去共同衡量，就会发现，他们体现出来的素养和拥有的财富并不完全画等号。

L是一名大堂经理，资深酒店行业从业者，在一次采访中，她和我讲述了她的职业经历。

曾经有一位经济富裕的顾客，被L所在城市的大部分五星级酒店列入了黑名单。

这位顾客一贯衣着讲究，态度看起来彬彬有礼，即使投诉也慢条斯理。有一次，她投诉在酒店的中餐厅吃泡椒凤爪时磕坏了牙齿，需要酒店支付她所有看牙的费用以及来回路费。

这不是个例，类似的投诉，几乎在她每次入住时都会发生。除此之外，她还会有很多额外要求，比如："你们这里用的香氛不错，请为我准备两份。""我有洁癖，在我入住的时候，请当着我的面打扫房间，换上新的四件套，记得用除螨吸尘器吸一遍。"

因为有好几家酒店的白金卡，她会用积分兑换入住，自己过来办理入住，然后再转手卖给别人。通常，前台不允许这样操作，因为登记不到实际入住客人的信息，但是，如果没有满足她的需求，她就投诉到集团总部。

因此，不止一家酒店把她列入了黑名单。

L 和我说："筱懿姐，我做这一行，接触过很多富有的客户，但人的教养和素质，真的不在衣着和财富上。"

我想，究其原因，是因为财富和素养有一个很大的不同之处。

财富可以迅速获得，比如：忽然踩中风口做成一大笔买卖、中彩票、继承遗产、投资成功等，致富的速度可以非常快。

但是素养就不同了，它积累速度很慢，而且几乎无法侥幸获得，就像是运动员肌肉健美的体格，想要练就极费时间，必须亲力亲为、认知达到一定高度才可以提升。

不论"中产"还是"高产"，除了经济，精神更要匹配：

不用物质上的优越感藐视他人，不以受过的高等教育炫耀自己，不拿职位的高层级苛责别人，这才是真正的"高级"。

素养，不仅仅是对外的待人接物，也是对内的清醒和自持。希望你钱包丰满，内心也同样丰盈自足。

-------------------- 画重点 --------------------

法国社会学家皮埃尔·布迪厄提出过一个概念：我们在划分阶层的时候，通常只考虑到一个因素，就是财富状况，也就是一个人的经济资本。但其实，财富状况并不是决定社会地位的唯一要素。文化资本，即"那些非正式的人际交往技巧、习惯、态度、语言风格、教育素质、品位与生活方式"，我们可以概括为素养，也在决定着一个人的社会地位。

不盲目决定，看看投入产出比

无论买东西，还是做决定，都先问自己一句：投入产出比合算吗？

1. 不卖掉这一个，就不买下一个

2018 年，我买了个爱马仕铂金包。

起因是我参加一个晚餐会，一桌 10 位女士，人手一个铂金包，除了我。当时 40 岁的我居然变得不自信起来，心里仿佛有个声音在呐喊：我的人生一定要有一只铂金包，不然会很遗憾。

我马上去买包，不过是从一个朋友那里买二手的，她刚买来不久，而且保养得很好，而她接下来的理念和方式，给我上了一课。她找到我们俩都熟悉的二手评估店，认真出具包的票据，做了鉴定。我说我信任她，她说："不，亲兄弟也要明算账。对了，这个包陪我出席了不少场合，也算赚回来了，这份好运延续给你。"她还认真地告诉我，她买铂金包的原则是，不卖掉这一个，就不买下一个。

我很吃惊，以她的经济实力，即使买上一打也不会有压力，我没想到在消费习惯上她其实是个"精打细算"的人。相比之下，我的买包思维就很简单。10年前，我买过几只秀场款包，但它们十分花哨，利用率奇低，10年没背够10次，当我受到铂金包朋友的启发，准备卖掉时，发现它们的估价只有过去的十分之一不到。假如我能早点儿拥有朋友那样的财务思维，损失应该会小点儿。

但是，我从朋友那里买来的铂金包，也没有发挥太大价值。2018年我购入，2020年大家基本都开始居家办公，衣着朴素，没有高大上的饭局和活动要参加，没有"人凭包贵"的社交场面要展示，我外出背得最多的是帆布袋，铂金包放在角落积满了灰。

6年过去了，今年我46岁，我的人生如果还需要一只包去证明价值，那也有点儿可悲。所以，朋友的思维比我先进，她的投入产出比很高，买包的钱，已经通过其他方式赚回来了，她用实际行动给我上了一堂真金白银的ROI（投资回报率）财务课。

2."不要空谈，投产比看一下"

"Talk is cheap. Show me the code." 这句在 IT 界朗朗上口的名言，是 Linux 开发平台创始人林纳斯·托瓦斯在邮件组里回复别人的讨论时写道的。

现在，这句话衍生出了另一句名言："Talk is cheap, show me the ROI." 意思是，"不要空谈，投产比看一下"。ROI 是 Return on Investment 的缩写，指的是投资回报率，或者说投入产出比。它是商业世界中最常见的概念之一，用来衡量一个企业或项目经营效益的指标。简单来说，就是用收益除以成本，得出的比值越大，说明效益越高。

拥有 ROI 思维的人，在判断一个东西值不值得买，一件事情值不值得做时，会更有大局观。

字节跳动有个真实的案例，很能说明问题。

创业早期，字节跳动遇到一个难题，就是很多员工的住处都离公司很远。加上堵车严重，他们每天的通勤时间可能会耗费 4 个小时。经过"长途跋涉"到达公司的员工，还没开始上班就已经身心俱疲。人力资源给出的解决方案是为员工提供班车服务，这的确是一项很好的福利，而且可以显示公司的实力和福利，提升字节跳动对外的形象。

但创始人张一鸣看到这个方案，却反问道："这件事情的 ROI 高吗？"

他认为，提供班车，并不能提升员工工作效率的 ROI。张一鸣有一个假设，就是员工会把上下班的时间，计算到为公司付出的总时间中，而不仅仅是劳动合同上的 8 个小时。而且，即便是提供班车，如果员工住在五环外，上下班的通勤时间依然是 4 个小时，并没有实质上的改变。

这个问题的最终解决方案是，字节跳动每月给员工提供 1500 元的住房补贴，让他们自己在公司附近租房，以便半小时内就能到达。

在这件事里，也许给员工发放住房补贴，成本远远高出提供班车。但 ROI 思维的意义正是在这里，除了直观数字化的投入产出比，更要考虑到长远收益和隐性成本。比如，字节跳动通过缩短员工通勤时间和距离，提升了员工的工作效率和上班体验，这是无法立刻用数字计算出的长期收益。

ROI 思维当然也可以用在日常消费和生活中，就像前面提到，我高价买入的秀场包，因为完全不具备 ROI 思维，直接造成常年摆放在家里积灰，价值早已不复当年。而我的朋友却能用"卖掉一个，再买下一个"的解决方案，最大限度减少自己买包的成本，并且通过社交和日用，把每个包的价值使用到位。

3. ROI 思维，帮我们免于坠入消费主义的陷阱

收益，它的具体表现未必是金钱，甚至在穿衣打扮这样的小事上，都离不开投入产出比的考量。

360 公司创始人周鸿祎，最爱穿的是一件带着"互联网安全大会 ISC" logo 的红色文化衫，还专门录制视频告诉大家自己穿得"不邋遢"，他说："衣服就是一个实用的东西，很贵的衣服也能穿，很便宜的衣服也能穿，就像吃饭似的，米其林三星的高档西餐厅能去，路边的苍蝇馆子也能吃得津津有味。"

乔布斯生前曾打算让苹果员工穿制服，遭到所有人反对。但他自己觉得穿制服的主意很不错，根本原因是方便，不必每天想要穿什么。于是，他请三宅一生为他制作了 100 件黑色高领衫，他说："我就穿这个，多到我一辈子都穿不完。"黑色高领衫，也成为乔布斯标志。

Meta 创始人扎克伯格的衣橱里，则都是清一色的看起来外观普通的 Brunello Cucinelli T 恤，他在采访中解释过："我想让自己的生活一目了然，尽可能减少做决定的次数，如果

把精力花在生活中无聊的事情上，我就会觉得自己没有做好工作。"

"偷懒"的穿衣方式，让他们意外地收获了独特的个人风格，也的确节约了买衣服、换衣服和选衣服的思虑，把时间和精力分配在他们认为更有价值的事情上。互联网行业的创始人，每天精心穿搭的投入产出比，显然远远不及专注在工作上的回报率。

其实，即使特别注重时尚风格的明星，也会在购置行头上考虑是否划算。

我采访过一位女演员，她特别真诚地说，自己出席活动穿的礼服基本上都是租来，或者从品牌方借来的，因为真的没必要、也决不会买只穿一两次的衣服。

近几年，网络上出现了很多展示奢侈生活的内容，比如，33岁单身住在500平方米的房子里是怎样一种体验？27岁月入5万不加班是怎么做到的？一年到头不重样的奢侈品开箱……这也许是别人真实的生活，也许是引导消费的商业广告。我们不要太受影响，买任何东西之前，用"投入产出比"思维，判断自己是否真的需要，使用频率高不高，能否带来其他收益等问题。如果投入产出比高，那价格贵点儿也值得；投入产出比低，再便宜也是浪费。

英国社会学家齐格蒙特·鲍曼，在《工作、消费主义和新穷人》这本书中揭示了一种套路：

在工业社会，利益源于生产，于是努力工作成了一种美德；当进入消费社会，利益源于消费，于是消费主义被创造出来，让人们觉得仿佛超前消费才能让自己变得高级，一身奢侈品才是成功的标志，"新穷人"就是由此产生的。

如果我们拥有 ROI 思维，就能免于坠入消费主义的陷阱，把时间、金钱和精力花费在更值得的事情上。买包、穿衣服、吃饭或其他任何事情，要想获得真正的富足和自由，不被外物所累，就需要一种豁达心态：能吃米其林，也能下路边摊；需要吃米其林时，认真装扮才合乎礼仪和氛围，不要过度不讲究地展示自己多么与众不同，不然你来这儿干啥？需要下路边摊时，随意就好，别觉得自己有什么不凡，再富贵，也得吃喝拉撒，也不过是世界上的沧海一粟。

自由是一种态度：哦，我都可以。

处处拿捏着劲儿，就没意思了。

ROI 是 Return on Investment 的缩写，指的是投资回报率，或者说投入产出比。它是商业世界中最常见的概念之一，用来衡量一个企业或项目经营效益的指标。

简单来说，就是用收益除以成本，得出的比值越大，说明效益越高。拥有 ROI 思维的人，在判断一个东西值不值得买，一件事情值不值得做时，会更有大局观。

拥有是真正的祛魅

女孩要不要买奢侈品？

标准答案或许是：女性完全不需要买奢侈品，奢侈品纯粹是虚荣或消费主义心理在作祟。

但我不能这样回答，有两件小事，改变了我对奢侈品的看法。

1. 拥有之后，才知道"不过如此"

第一件小事，我曾受邀参加一场文化活动，对谈嘉宾是两位著名的大学教授，她们完全不同于外界对高知女性的刻板印象，不仅腹有诗书气自华，而且着装打扮很讲究，也有个人特点。其中一位，既有风骨又有风韵，天然的奶奶灰短发，剪裁得体的素色长裙，搭配的藕荷色 LV 披肩，都成为她气质美的一部分，充满文化感和历史感，我甚至觉得，她穿什么，什么就是奢侈品。

另一件小事，几年前我去阿姆斯特丹，在凡·高博物馆如痴如醉地看画，想到有位关系很好的"95后"妹妹同我一样爱凡·高，于是一咬牙，"人肉"背回去一件又重又大的文创送给她做礼物，心想这不得给她感动坏了。

谁想，完全不是。

妹妹收到礼物，嘻嘻哈哈地张口就说："筱懿姐，我还以为你会给我带个很贵的面霜或者香水，哪怕一支新款口红也不错啊！"

我有点诧异，不是因为她直接，我俩太熟，讲话也随意，喜欢直来直去。我惊讶的点是：在凡·高博物馆的精美文创，和某个易耗品大牌面霜之间，她，一个文艺女青年的第一选择，居然是后者？妹妹说："筱懿姐，对于我们这样的小白，当然更喜欢大牌啦！我在选修的艺术史课上看过了凡·高，在生活里面霜对我更实用啊，尤其是平时自己舍不得买的奢侈品面霜。"

我反思：果然，是我送错了礼物。在我看来，面霜、口红、香水再贵也不够独特，不能体现我对礼物的用心和对友情的重视，但对我的"95后"好友来说，再精美的文创也不过是个摆件，大牌面霜却可以获得一次特别的奢侈品体验。这对年轻女孩来说，是更期待的感受。

腾讯营销洞察联合波士顿咨询公司发布的《2023 年中国奢侈品市场数字化趋势洞察报告》显示，30 岁以下客群占比近 50%，近 90% 的消费者表示首次购买奢侈品时低于 30 岁。《贝恩奢侈品研究》预计，到 2025 年，25 岁以下的消费者将成为奢侈品消费市场的主力军，占比将达到 65% ~ 70%。世界奢侈品协会的报告显示，中国奢侈品消费者平均比欧洲年轻 15 岁，比美国年轻 25 岁。

其实不难理解。

年轻人初入职场，正是寻求社会认同感，对生活充满幻想的年纪，一件价格不菲的奢侈品，作为品位证明和社交筹码，能更直接地向外界表达和展示自己。人，都有个对奢侈品向往的阶段，那种想攒几个月的工资去买一只心爱包包的心情，我也经历过；1998 年出品的时尚剧《欲望都市》里，Carrie 的衣帽间和她穿戴过的每一个大牌，我也羡慕过。

对我来说，奢侈品就像人生成长中的辅助工具，满足虚荣，提高自信，表达自我……直到有一天，我发现不需要这个工具时，自己也能自洽并且自在了。

拥有之后，才是终极的祛魅，才会发现"不过如此"。

所以，年轻女孩花上一笔钱去买一次奢侈品的体验，同样是一次重要的成长历程。

见识过，经历过，拥有过。当我们对某个代表头衔、光环、权威的人或物祛魅时，也正说明自己心里有了底，自我变得强大，不再需要用奢侈品"撑场面"了。

2. 身份象征，还是身份焦虑？

坦白说，我也是在工作后的 20 多年里，经历了对奢侈品赋魅和祛魅的过程，才放下大牌滤镜。

因为职业便利，我试用过很多品牌新上市的彩护产品；出于活动需要，我也买过各类箱包衣物。最后悔的衣服，是一件布满大 logo 的毛衣开衫，2014 年价格过万，相对于我当时的薪水来说是一笔巨资，整件衣服散发着强烈的该品牌的气息。但是，作为毛衣本身，它既重又不太保暖，除了在飞机上当作小毛毯，似乎没有其他用途，后来我连上飞机都懒得带。最满意的衣服，是一件羊毛休闲外套，3 万元的价格完全超预算，但它陪伴我经历过很多必须穿着"商务休闲"，但又要低调奢华的场合，这件衣服也是基础款，20 年都不过时。

坑也踩过，雷也避过，我在奢侈品方面的投入，让自己能够更客观地看待消费需求和欲望。一个有意思的点在于，按照边际递减效应，奢侈品的出现，其实是反市场营销，单就品质而言，100 块的衣服和 1000 块的衣服，可能存在很大的差距；但是 1000 块的衣服和 10000 块的衣服，品质上升空间并不巨大。

既然如此，为什么售价高昂的奢侈品充满魔力？

早在 1899 年，经济学家托尔斯坦·凡勃仑观察到：银汤匙和紧身胸衣是精英社会地位的标志。他在《有闲阶级论》一书中写道："那些难于种植，并因此价格昂贵的花并不比野生花漂亮；对于牧场和公园，一头鹿显然没有一头牛有用，但人们喜欢鹿，是因为鹿比牛更昂贵。""女用鞋加上高跟所造就的风姿绰约，足添强制休闲的证明。因为高跟鞋使得要从事任何体力劳动，甚至连最简单和必要的，都极端困难。"

上流社会的女性以此显示自己并不属于劳动阶层，于是，以"高跟鞋"为代表的炫耀性消费的商品，被经济学家统称为"凡勃仑物品"，其存在价值在于炫耀而非实际使用，出门买菜最顺手的当然是菜篮子，而不是 10 万元打底的铂金包。

作为一种昂贵的"信号"，价格越高，买不起的人越多，"凡勃仑物品"就越受欢迎。对于高收入者，奢侈品代表身份象征，使他们"区别于"普通人；而对于普通人，奢侈品的确会带来一些身份焦虑，让大众证明自己和世俗设定的成功典范保持着一致，没有失去应有的尊严和尊重。

3. 建立自己的配得感

德国社会学家马克斯·韦伯有一句名言："人类是悬挂在自己编织的意义之网上的动物，奢侈品就是这样一整套的意义之网，大多数人都是自投罗网。"

其实，韦伯还提出了一个"世界的祛魅"概念，即世界从神圣化走向世俗化，从神秘主义走向理性主义的过程。今天我们口中的"祛魅"，更多是指逐渐打破对表面光鲜或神秘事物的滤镜，重新审视价值的过程。

祛魅，祛的是我们潜意识里的不配得感。当我们识别到自己的独特性，提升了心理上的配得感，构筑起对生活的信念感，就会豁然明白，世界是一个巨大的草台班子，祛魅的第一件事就是关掉你为它打的那束光。

黛娜·托马斯因为写《奢侈的》这本书，得罪了不少大人物。她说起 1992 年，自己买了一件 Prada 粉红色无袖鸡尾酒洋装，用五彩斑斓的厚棉布和菱纹绸制成，整件都有内衬，美不胜收，花了 2000 美元，但看上去能穿一辈子。10

年后，她又花了500美元，买了一条薄府绸不规则剪裁的长裤，但是，当她穿上裤子，脚穿过裤管，褶边撕开了；手放进口袋，缝合处裂了；蹲下想抱起两岁大的孩子时，裤子后面干脆破出个大口子。黛娜向一位品牌的老熟人抱怨，得到的答复是："线的问题。""现在大家都采用罗纹缝法，降低成本。此一时彼一时了。"甚至很多看似时髦的做法，比如把袖子剪短半英寸，用毛边代替褶边；以女性不需要为由省略里衬……都是开源节流的精明做法。

与其说奢侈品江河日下，被戳破了高不可攀的神话，倒不如说，真正的奢侈品，并不能用金钱购买。当我们建立了自己的配得感，修炼出自我的眼界和美感，才会懂得什么适合自己。

现在，我依然喜欢买买买、美美美，大家经常问："筱懿姐，这个视频里你穿的什么衣服、戴的什么首饰？"其实，大约一半都是旧衣服，配饰也有不少百元左右的，虽然我的衣帽间也摆放着不少名牌包，但时至今日，别人并非因为这些包而高看我，最终决定个人价值的，还是自己这个人啊。

这10年来，我更愿意购买"体验感"，投资自己的健康和见识、兴趣和爱好。比如，请专业教练陪伴健身，一周四次，花费不少，但是我收获了健康的身体、充沛的精力、良好的体态和实质的快乐。

从买奢侈品转变为买体验感，从花钱证明给别人看，转变为真正给自己花钱，那个"全世界女人都要有"的包包，那双"每个女人都应该有"的鞋子，我们未必一定要拥有。

是我们的价值定义了奢侈品，不是奢侈品定义了我们的价值。

买奢侈品，不如把自己变成奢侈品，能够在岁月里发光，而不是在账单中仓皇。

德国社会学家马克斯·韦伯有一句名言:"人类是悬挂在自己编织的意义之网上的动物,奢侈品就是这样一整套的意义之网,大多数人都是自投罗网。"

其实,韦伯还提出了一个"世界的祛魅"概念,即世界从神圣化走向世俗化,从神秘主义走向理性主义的过程。今天我们口中的"祛魅",更多是指逐渐打破对表面光鲜或神秘事物的滤镜,重新审视价值的过程。

祛魅,祛的是我们潜意识里的不配得感。

第五章

不再为钱烦恼

依靠自己的能力多挣些钱，问题就会变少一点。

尊重自己的感受去做决定，遗憾就会减少一些。

不以亲情的名义，敲金钱的竹杠

筱懿：

你好。

这信写得唐突，还请务必见谅。

五一回乡，我居然被家人……算计。

在我推掉应酬，带着一车礼物回到家的当晚，我妹和我妈就表现出异常的热情，寒暄两句，我妹直接给我提要求：我妹有三个孩子，她的大儿子，即我的大外甥即将上初中，两个小的孩子更需要她照顾，于是她让我把大外甥弄到上海读初中，亲自辅导他学习，把他"鸡"进重点高中。

我当然不同意。我疼外甥，但我也有自己的孩子要照顾。我妹见我不答应，情绪绷不住，边哭边喊："你就一个孩子，我有三个要带，你是我姐，替我养一个又怎么了？"

我真的好生气啊，你有三个孩子，是我让你生的吗？我妹一没工作，二没存款，老公花的比挣的多，我每个月补贴她6000元钱，她依然嚷着不够。

更让我生气的是我妈，她居然说："不就是添双筷子的事儿吗？你家房间多，空着也是空着，你妹那么难，你不帮谁帮？"

可是，我帮她的还少吗？每月给钱不说，她住的房子首付难道不是我出的？逢年过节、孩子放假、过生日，我礼物红包都没断过。就这她还嫌少，跟妈妈打电话哭诉我太抠门（她生三胎前，妈妈住在我家），好像我的钱都是风刮来的。

一样的家庭出身，一样的小学、初中，从小我熬夜学习的时候，她早已呼声震天；我吃苦创业的时候，她除了冷嘲热讽可曾帮过我一把，哪怕关心过我一句？自从我拒绝她到我公司上班开始，就每月给她"发工资"养孩子，这还不够吗？还得让我接到家里养，以后孩子上不了重点，是不是也是我的锅？

何况生意并不好做，尤其刚熬过这三年，公司也是元气大伤。别看我表面上对人和颜悦色的，其实内心非常焦虑，常深夜流泪。

我的朋友也不理解我，说："你都那么有钱了，都成功女性了，有什么好苦闷的啊？"

我可太苦闷了！

我不仅要撑起公司，供养全家，还被全家人骂。我妹一家已经让我纠缠不清，我爸也不时对我旁敲侧击，让我对同父异母的弟弟多加照顾，这两年更是一喝酒就给我打电话，老泪纵横让我尽"长姐"的责任。

他当年和我妈离婚，尽过当父亲的责任吗？我也只是有个小公司，暂时不愁吃喝而已。而家人，像无底洞一样，我怎么努力都填不满他们的要求。在他们眼里，我就是为富不仁，没有良心，忘恩负义。

年初我测出了轻度的病理性抑郁症。这半年我在考虑把公司盘出去，好好休息一下。可是这样会不会太任性了？没了我，公司还怎么转？好多员工是我一手培养出来的，他们都还有一家人要养。

这么多年，我自认一向对大家不薄，怎么现在却变得里外不是人了？

身心俱疲的莉君

筱懿回信

莉君：

你好。

我自己没有嫡亲姐妹，无法切身感受你的身心俱疲，却完全理解你的郁结于心，但我特别想告诉你的是：人稍微自私一点儿，才能活得稍微轻松一点儿。

一个听起来可能刺耳，却很真实的人际观点，供你参考：如果你们的关系不存在互惠性质，那这段关系就不会长久。这个原则，适用于社会属性的交往，也同样适用于血缘亲属的层面。

为什么很多时候，我们会和从前的亲朋好友渐行渐远？

大概率都是因为，彼此不再存在互惠关系。

就像你和你的妹妹或其他亲人之间，从你"成功"的那一刻起，很可能就不再"互惠"，所以他们的单向索取让你苦闷劳累。你什么事情都指望不上他们，但是他们却没完没了地跟你提要求。

甚至你的妹妹会理所当然觉得，你有财力、有能力，为什么不能帮她分担，替她培养一个孩子？其实，互惠既包括情感支撑，也包括物质互补。假如你给了妹妹金钱上的支持，而她力所能及帮你照看孩子，或者协助工作，你们的关系就构成互惠，大约也不会如此紧张。

我一点都不奇怪，很多人到达一定的社会地位，就会有意无意地斩断过去的关系，远离以前交往的人。倒不是因为无情，而是面对故人的不甘、怨气和单向索取，我们会力不从心。一毛不拔，自己良心上过不去；照顾不周，又会被口诛笔伐。

但是，最终积成心病的，还是你自己放大了自我的感受——包括公司要不要继续经营，都请多问问自己的真实感受，而不是考虑"尽责任"——确定别人都需要你"尽责任"吗？

分享一个李开复老师的故事。大约十年前，他得知自己罹患淋巴癌，低落不已，去拜见星云大师。

一天饭后，大师问他："开复，你的人生目标是什么？"

他答："最大化自己的影响力，让世界因我不同。"

大师沉吟片刻说："这样太危险了。人是很渺小的，多一个我、少一个我，世界都不会有增减。你要'世界因我不同'，这就太狂妄了。"

李开复顿悟，比起身体的疾病，自己的心病更严重。

星云大师还说："人生一回太不容易了，不必想要改变世界，能把自己做好就很不容易了。"

就像你，不要把自己的责任感搞得这么沉重，也不要总想着自己对别人如何如何好。

放心吧，没有你，他们依然过得下去。

人到中年，我想说：活着，需要有一些斩断过去的勇气，不要用乡土社会的方式，过互联网时代的生活。在乡土社会，一个人"成功"，就是要荣归故里，光耀门楣，不但要让大家都知道，也要照顾好大家。而在互联网时代，你身边的人则是一茬一茬的，每三到五年，都是一个周期，能与你同行的人，才会一起走到下一个三到五年。

如果非要把故人，全部平移到未来，那就太庞大，也太可怕了，当然会被拖得很累。

除了对父母的合法赡养，对未满 18 岁子女的合法抚养，遵守《公司法》经营管理，我们这一生，务必要尽的责任和义务，其实没那么多。

　　人际关系理顺之后，金钱关系也自然就清楚了：假如有人以亲友的名义，敲金钱的竹杠，那是没有义务回应的。

　　祝自在。

你的朋友筱懿

画重点

　　很多人到达一定的社会地位，就会有意无意地斩断过去的关系，远离以前交往的人。倒不是因为无情，而是面对故人的不甘、怨气和单向索取，我们会力不从心。一毛不拔，自己良心上过不去；照顾不周，又会被口诛笔伐。

金钱未必带来幸福，但能解决大多数痛苦

筱懿姐：

你好。

多年读者，我开门见山。

离婚十三年，前夫始终贬低我、批判我，无论在孩子面前，还是对曾经的朋友，甚至是在孩子学校，从人品到事业，控诉我"只顾事业不顾孩子""不负责任"。

怎么办？

我想反驳，但忍住了。

对我来说，他早就是一个陌生人，无关我的喜怒哀乐。如果不是因为有个共同的儿子，我们连见面都不会有，可是我没想到，他对我依然如此"仇视"。当年离婚，完全因为性格不合，生活习惯也无法磨合，与其彼此消耗，不如好聚好散。结果是我不得不净身出户，也没能争取到儿子的抚养权。

刚离婚那几年，我过得确实不太好，每次去探视儿子，他都一副看我笑话的幸灾乐祸相，就差没直接说出"看，没我不行吧""不如跟我在一起过得好吧"。

但说来也巧，人的行和不行，还真是此消彼长。前夫原本在地产行业水涨船高，做到中高层，这几年风口过去，他虽不至于落魄，但没有从前风光。而我在人生低谷决定创业，因为一直擅长做菜，东拼西凑盘下一个店面，菜品好，朋友照顾，加上过去三年的线上业务、外卖以及扩充的中式点心服务，居然让我的人生路途峰回路转，已然摆脱困窘。可能是我的"逆袭"，加深了前夫出离的愤怒，具体表现是，他向所有曾跟我们有过交集，共同认识的熟人、朋友，甚至儿子学校的家长和老师吐槽："这个女人能有今天，是因为这么多年，她从不管孩子。"

而我，是他口中那个一心搞钱、对孩子完全不上心的"不合格妈妈"。

我都气笑了。当初，是他无论如何不肯把孩子抚养权给我，现在又以此来攻击我。但让我开心的，是他一气之下把儿子"扔"还给了我养，让我也尝尝带孩子的苦。

这份苦，我真是求之不得啊。其实前夫怎样，我都无所谓。但把儿子夹在中间为难，我太心疼了。儿子告诉我，每次回爸爸那边，都会被"关心"："你妈最近有没有更差？""生意没那么好做吧？""还有客户上门吗？"……把一切他能想象的困难，都在我身上编排了一遍，恨不得我的店明天就倒闭歇业，他方能称心顺意。

可是，毕竟有儿子，我的经济好转，难道对抚养儿子不是支撑吗？

我当然毫不怀疑他对儿子的父爱。可是，儿子长期背负如此沉重的心理压力，陷在父母的纠葛里，他未免狭隘了，儿子早已懂得爸爸"话里有话"。

其实在外人看来，他过得不错，娶了一位据说温柔顾家的年轻妻子，生了一对可爱的双胞胎，50多岁依然养尊处优，保养得不错。

我也知道，他并非坏人，就是看人、看问题比较偏执，现在年纪大了，更是变本加厉，脾气越来越差。对我的攻击和仇视，也是数十年如一日。

当初离婚是两个人共同的决定，为什么十多年来，他都像是受害者一样念叨着我的种种不是？各自过好各自的生活，不好吗？

我该怎么处理和前夫的关系呢？

其实，我很多次都想跟他好好谈谈，但一谈就跑题了，拉拉杂杂，不知道扯到哪里去了。我也很多次想去跟周围的人，包括孩子学校方面，解释一下，又觉得难以启齿，说不出口。

最纠结的是，我该怎么做才能最大限度地保护孩子，不让他胡思乱想呢？我是不是该暂缓自己的事业，把更多精力和重心转移到孩子这里？毕竟，孩子的前途是花钱也买不来的。真的很崩溃，担心儿子因此影响学习，影响成长。

舒

筱懿回信

舒:

你好。

因为你直接，我也不绕弯子。

先分享一句话：金钱未必带来幸福，但能解决大多数痛苦。

再建议四个"不"。无法保证正确，但换成我，我会这样做。

第一，不跟前夫聊。

绝不找前夫推心置腹地"谈谈"。

巴菲特说得特别对："如果你打了半小时牌，仍然不知道谁是菜鸟，那么你就是。"

你和前夫的牌局，早就不只半小时，你一定知道，和他沟通的结果，大概率是他更愤怒，而你更委屈。

认知不同，绝不沟通。

能维持表面和气，就维持；维持不了，拉倒。

第二，不向别人解释，认真搞好事业。

前夫说你"忙于事业，对孩子不负责任"。说真的，如果你事业不成功，还会有更难听的议论在等着你呢。

世界上只有两种事：关你屁事，关我屁事。

你看祥林嫂，为什么别人老咀嚼她的故事？因为别人觉得：哦，这样可以打击到她！但凡不在乎外界的评价，不解释自己的言行，过一阵子，风向就变了，世界会夸他：真是一个从容淡定的人啊！

尤其来自你前夫，这种无关人等的评价。这些差评，让你事业重创了吗？让你现金流短缺了吗？让你变丑了吗？让你和孩子真的隔阂了吗？

没有啊！

那解释干吗？

唯一需要你慢慢耐心开解的人，只有你的儿子。向其他人解释，毫无意义。

另外，我认为不需要暂缓搞事业的节奏——人生最不能乱的，其实是节奏，你的事业处于上升期，是你苦心孤诣打拼出来的，为什么要暂缓？暂缓之后你确定不会大幅下滑？你确定搁置事业就对教育儿子有巨大的推动作用？

恰恰相反，是事业的逆袭才让你具备说话的底气、养育孩子的能力，事业下滑或者停滞，会让你失去话语权。

第三，不跟孩子谈论，也不攻击前夫。

尽量不与孩子谈论前夫，也不在孩子面前反攻前夫。

其实这代孩子的想法很简单：他们对父母的婚姻，在意度没那么大，只希望爸爸妈妈不要互相攻击。

虽然对方做不到，但你能做到的，就是不反攻前夫——这样就减少了孩子听到、看到的次数。这当然会让你心里有委屈，但孩子其实很聪明，他会分辨，会感受到：妈妈是在用自己的方式给我减负。

据我目力所及，前夫和前妻能够客气说话、体面相处的，没几个。能做到"淡漠"已经很不容易了。何况，有些前任就是一种"只要你过得好，我就受不了"的神奇生物。

所以，你没有特别倒霉，更没有特别惨，你遇到的问题很正常。

第四，不自省、不自责，理直气壮。

你的痛苦，很大程度上来自——你挺善良，爱反省自己。

可是，十三年，还不够一个人反思啊？你反思了那么多，前夫反思过吗？他反思最多的，估计就是不该和你结婚，哈哈哈，所以，这种人其实过得很郁闷。

那些分手以后，还追着咒骂对方、巴不得对方过得落魄的人，都是这段关系中的弱者。因为只有弱者才会原地踏步，强者早就奔赴远方了。所以，别怀疑自己，你是一个强者，经历了那么多起落，凭借着自己的能力过上想要的生活，这很了不起。

我完全理解，你的前夫不是恶人。但人都有一个断崖式衰老的过程，特别明显的一个表征，就是对过去念念不忘。

尤其，你前夫事业上的停滞，和老来得子的经济负担，也并非你造成的。作为前妻的你，只是不幸成了他在"知天命"的年纪，那个愤懑的出口。

当他越是愤怒地攻击你，越会让你清晰意识到：离婚的选择有多么正确。想象一下，假如今天，你跟他依然生活在同一屋檐下，该多么窒息。

我们女性，需要的是一个并肩同行的人，而不是让自己寸步难行的人。

一个心胸狭窄的伴侣，最终只会成为你前行的枷锁，加重你原本的负担，让你逐渐丧失自己。其实，你早在十三年前就已经解脱了，今天的烦恼，相比于十三年前，只是一件小事情。

最后，送出一句话：

活在过去的人，都是因为现在过得差；骂骂咧咧的人，都是因为自己想不开。

把这话记下来，每天看一遍，开开心心，大步向前，挣更多钱，对儿子保持爱和包容，你的好日子在后头！

祝你理直气壮，越过越好，加油！

你的朋友筱懿

画重点

女性，需要的是一个并肩同行的人，而不是让自己寸步难行的人。

一个心胸狭窄的伴侣，最终只会成为你前行的枷锁，加重你原本的负担，让你逐渐丧失自己。

金钱或婚姻，哪种委屈更容易忍受？

筱懿老师：

你好。

我订婚有段时间了，现在家里催着结婚，但是我不知道为什么有点儿害怕。

男友和我是高中同学，上学时交集不多，毕业后发现对方也留在本市上班，一来二去就熟了。后来他就表白了，说其实高中时就喜欢我，但我身边总是围绕着很多朋友，像他这样的后排男生只能默默关注。

我们就这样顺其自然地恋爱，直到如今谈婚论嫁。但这段时间我总感觉，他不知从什么时候开始嫌弃我了。

这种嫌弃，不是他不爱我了，他依然对我很好，逢年过节给我买喜欢的贵重礼物，记得每个纪念日而且出手阔绰，下班会给我带爱吃的水果、零食，只要不出差就来接送我上下班，周末经常带我打卡网红餐厅，家务也都是一起分担……

但我仍然有种直觉，他的嫌弃已经呼之欲出，快要摆上台面了。他嫌弃我挣钱太少。

上学时，他学习不如我，复读了一年也没考上本科，就随便上了个专科学校。但他脑子比较活泛，后来做销售，上路之后手头就越来越富余，从送我包包的价格也能猜测一二。我不知道他到底挣多少，我不问，他也不说，但房子车子都是他自己买的，没有要家里一分钱。

我呢，当年虽然使出了吃奶的劲儿考上了大学，但感觉也是读了个寂寞，毕业后工作换来换去，还在做一份助理的活儿。我反正也没什么野心，搞不好复杂的人际关系，现在的工作不说轻松，但相对单纯，我应付得来。

普通的工作，普通的收入，我其实还挺满足的。但不知道从什么时候开始，他开始有意无意地说起，谁谁的老婆特别能干，一个人带两个娃还月入几万；或者"你猜这把椅子值多少钱，你一个月工资"；还会举例说，烂大街的本科生，收入不如农民工……

是的，他没有直接说我工资太低，挣钱太少，但会说我进不了厨房，也上不了厅堂，全靠他好心供养，哪怕买箱车厘子都要强调怕我自己没钱，舍不得买。

是我太敏感了吗？但我听了这种话，心里真的很不舒服。他工资突飞猛涨，我收入不见起色，都是客观事实。但我在经济上也并不依靠他，我们都是各挣各花，他买的房子也没有写我的名字啊。

我虽收入不高，但足够自给自足了。他只能拿底薪和千把块提成的那两年，我也没嫌弃他只拿可怜巴巴一小把花在大街上等我啊。如果我们刚接触时，他就已经很会挣钱，是不会主动追我的吧？

大家都是一穷二白来的，而且他家里条件很差，我们刚在一起时，我妈还因此反对过。现在明显感觉他有点儿飘了，难道还会假想出我因为自己是本科，看不上他没学历的戏码来？

我时常有一种还没结婚，就已经是糟糠妻的幻觉。但他对我还是一如既往的好，虽然嘴上一副"小人得志"的油腻感，但对我的事都还算上心。

我就会不由得想，这婚还能不能结？他今天对我好，明天还会对我好吗？是我想多了吗？

倩敏

筱懿回信

倩敏：

你好。

回信之前，先谢谢你的信任。

正因为格外珍惜这份信任，所以我的回答为了坦诚，都会有"如果是我"这个前提。因为我相信，任何人都做不了别人的人生导师。我只能从自己的角度来剖析问题。

所以，"如果是我"，在把这件事掰扯清楚之前，我坚决不结婚。以我的性格，我受不了这个气，不能在精神上受委屈。

"如果是我"，我宁愿找一个收入相当的人，拥有更平等的经济关系，至少能过上互相尊重的日子，而不是一个嫌我挣钱少的男人。

你大约还年轻，我不是卖老，但人到了四十多岁，看一件事情，会很自觉地看透表面之下的本质。如果你问的是感情起伏，要不要结这个婚，我会觉得感情其实很难衡量。但你说的是钱，我就会毫不犹疑地说，你不妨先按暂停键。除非在结婚之前，你们能把这个疙瘩解开，把经济问题捋清楚。

因为你首先得认清，婚姻的本质就是一个经济结合体。

我猜中年人看这封信时，都会很有共鸣的一点就是，在婚姻里，感情出了问题或许还可以将就，但经济上出了问题，基本上都维持不下去。因为经济撼动的是婚姻的根基。

婚姻经济学——著名经济学家加里·贝克尔，1981年就提出了这个概念。他说："从经济学角度看，人类的婚姻也是一种市场行为，人们会通过比较成本和收益，来选择使自己获益最大的对象结婚。"

所以，你不比我挣得多，我跟你结婚图什么呢？更何况在未来的家庭里，作为女性大概率会承担得更多。

爱情是情感关系，婚姻是社会关系、生产关系，本质上还是经济关系。传统社会的"父母之命，媒妁之言"，主要考虑的不就是经济问题吗？

很多人都以为结婚是情感问题，不是的，结婚是个彻头彻尾的经济问题。所以任何人，结婚前一定先想清楚经济问题。

换一个角度，经济问题的深层原因，也反映了你们感情上潜在的问题。如果感情没有问题，又怎么会嫌对方穷呢？

对了，我最近还看到一个名词，叫"半女权"。说是某个高学历相亲群里，最受男博士们欢迎的理想妻子类型。什么意思呢？他们不愿找被男权化的女性，这种女性有依附性思维，遵从"男人负责赚钱养家，女人负责貌美如花"的规训。他们觉得这样太亏了，我挣的钱凭什么给你花呀？

但是呢，他们也不愿找女权化的女性，觉得这种女性虽然经济独立，但不顾家，太理智，更不好糊弄和掌控，对自己也没啥好处。

于是结论出来了，"半女权"的女性最理想。她们既受了高等教育，经济独立，不依附伴侣，又基于传统影响，贤良淑德，任劳任怨，全身心为家庭付出。

王朔也讲过类似的说法，他说："过去有句话叫，江浙人，北京话，新思维，旧道德。这是女孩里的极品，当年他们说林徽因就是这么说的。"

这些说法都是典型的，既要又要还要。

所以，回到你和他。和他在一起，你的确享受了一些物质生活上的提升。但试想一下，如果在结婚之前，他都已经开始嫌弃你，结婚之后还会改观吗？还是变本加厉？以后你年龄渐长，容貌渐衰，尤其面临生育的若干年里，你的经济条件肯定更加不如现在，届时他会感恩你的付出，还是觉得一切都是你应该的？

如果他越来越嫌弃你，以后你无法工作的时期，手心朝上的日子，他还会对你出手阔绰吗？在这样的家庭氛围中，未来你的孩子对你的尊重程度又能有几分？

我不想危言耸听，只是作为一个过来人，试图告诉你未来可能会面临的境况；也不是反对你结婚，而是建议：没把这事儿掰扯清楚之前，先不要结这个婚。

我更不想盲目地劝你做大女主，放弃这段感情，因为大女主有大女主的辛苦，小女人也有小女人的自洽。

如果你既不想被嫌弃，又不想放弃，趁早把这事摊开了，或者硬话软说，或者强势摊牌，总之让他认可到你的价值，解除这种不尊重的关系。

倩敏，我能感觉到你不是那种很厉害的角色。这无关好坏，性格使然。但我希望你能再自信一点儿。其实婚姻中，不乏那种经济上明显弱于男方，仍能获得应有尊重的女性。当然，男人的品行也很关键，但这些女性身上，通常也都有一个共性，就是很自信，即便没有收入，也丝毫不会觉得低人一等。

分担家务，教导子女，看顾老人，把家庭和成员的里里外外，包括自己，拾掇得干净利索、赏心悦目，怎么会不需要精力和能力呢？

你首先要在心理上认可自己和自己的价值，而不是等待他人良心发现。说到底，两性视角几乎南辕北辙，男性永远无法对女性的痛苦感同身受。真正的男女平等，在精神上几乎是做不到的。

客观地说，你需要衡量怎样做是对你自己最有帮助的，要考量自己有没有把握这段关系的本事，有没有消化这个委屈的心理承受力。

最后，扪心自问一下，在这个婚姻当中，他是拿你当合伙人看，还是把你当临时工使唤？合伙人有尊重，有分红，不论贫富共进退；临时工呢，可是随随便便就能辞退，连养老保险都不给你买的。

祝你早日打开这个结。

你的朋友筱懿

在婚姻里，感情出了问题或许还可以将就，但经济上出了问题，基本上都维持不下去。因为经济撼动的是婚姻的根基。

婚姻经济学——著名经济学家加里·贝克尔，1981年就提出了这个概念。他说："从经济学角度看，人类的婚姻也是一种市场行为，人们会通过比较成本和收益，来选择使自己获益最大的对象结婚。"

保险、彩票、赌徒，选哪种思维模型？

筱懿：

你好。

我现在面临一件大事，想听听你的意见。

去年，我手头很紧，我哥说他有内部消息，稳赚不赔。我抱着试试看的心态开始跟他炒股，投进去的小钱，竟然翻倍赚了。后来，我陆陆续续投些钱，跌跌涨涨，但总体是赚的。最近我哥说，又有一个机不可失的内部消息，让我趁机多投些。他是心疼我，知道这两年我家的经济状况堪忧，才带我赚钱。

我以前对炒股一无所知，主要家里经济条件还行。我有稳定的"铁饭碗"，老公有自己的小公司，在义乌做服装批发，谈不上大富大贵，但也是小康家庭。孩子上完初中，想去国外读高中和大学，我们也在攒钱，满足他的愿望，让他从小多见见世面，对未来的人生选择肯定有帮助。实在不行，他也可以找份普通工作，我们做父母的不要他养，也算尽职尽责了。

可是没想到，老公所在的行业遇到洗牌，不但厂子倒了，还赔了不少钱。他深受打击，从一个成天忙到不着家的事业男人，变成了窝在沙发上看新闻、刷视频的无业游民，整天无所事事地瞎转悠，脾气也很差。

我能说什么呢？让他缓缓吧。但现在家里的经济状况实在艰难，赔掉那么多钱，已经捉襟见肘。老公这状况，我不想唠叨他，只能暗自发愁：他这把年纪了，肯定是不会再去随便找个班上，可重新创业的话，光启动资金就能把家底一把掏空。更重要的是，儿子这就上初中了，申请学校迫在眉睫。而且，为了顺利出去读书，儿子直接上的国际学校，每年学费就是一笔不菲的支出。我不可能现在跟孩子说，"计划有变，家里没钱"吧。

我现在真的很需要一笔钱，来让家庭重回正轨，让老公和儿子重拾信心。

所以，这次听我哥说又有内部消息时，我突然有种冥冥之中有如天助，能让我渡过难关的直觉。特别想一鼓作气，把家里的钱盘一盘都投进去，彻底解决财务危机。老公拿不定主意，但决定都听我的。

我哥自己投入了所有，一个劲儿地强调机会难得。

我觉得人生的机会、成功的机会、发大财的机会，其实就那么几个节点，错过就不会再来。我哥炒股很多年了，基本没怎么失手过，而且过去一年多跟着他买进卖出的，我也赚了不少零花钱，亲兄妹也不存在坑我的可能。

这两年，我受够了被身边所有人时刻关心财务状况的境地，他们带着看似关心、实则八卦，又要顾及我情绪的小心翼翼，故作同情。

我相信自己还能时来运转。那些有钱人，一夜之间暴富的也不是没有啊？

我想赌一把。你觉得呢？

在翻盘路上的王路

筱懿回信

王路:

你好。

感受到了你想赌一把,但我还是要泼盆冷水:我的原则是——没有任何收益,值得我冒失去一切的风险。

第一,我不相信任何从天上掉馅饼的"发财"。

发财只是幸运和意外。

二十年前我做财经记者,采访过各个时期发了财的人,或者说是成功者,现在与曾经的记者朋友们偶尔在群里聊天,大家有共识:那些采访过的人,70%都不像从前那么有钱,甚至20%左右的人破产。财富这件事,流动性和变化性都特别强,一个人能发财,排在第一位的因素其实是天时,第二是地利,第三才是个人努力。

第一,"天时"是时代的机遇,就像中国财富经历了五轮发展,第一轮是消费品,第二轮是耐用品和家电,第三轮是城市化进程带动的房地产,第四轮是互联网,第五轮是高科技制造业——你用心观察，其实富翁们通常都产生在这些行业。

第二个因素是"地利"，是你所在的位置，刚好碰上了这轮发展，比如在上述五个阶段，你刚好处在那个行业之中。你说的老公破产，可能就是他的行业整体不利。

第三才是个人努力。我们采访过的成功者，往往特别夸大个人的努力，觉得是自己天赋异禀，比别人更聪明、更努力，于是发财了。可是呢，在他们鼎盛时期，身边围着各种逐利之人，都想通过吹捧他们拿点儿好处，甚至引诱他们投资了一些糟糕的项目，赔光了所有的钱。还有些人，有了钱之后不断折腾，离婚、结婚，喜新厌旧，财产越来越少，一下子回到原点。

所以我想说，一个人面对财富最大的修养是"自知之明"：明白自己没那么智慧，精通的事情极少，别人的赞美也不是因为你多强，而是想从你身上搞点儿钱。所以，机会和幸运是发财最重要的原因，而谦虚和谨慎是对财富最大的保护。

从我的角度看，财富＝天时＋地利＋个人努力＋自知之明。那些二十年前的成功者，现在依然过得好的，大都符合这个定律。

第二，我不相信任何所谓的"内部消息"。

人永远赚不到他认知以外的钱，每个人都有自己的局限，这与"内部消息"来自谁无关，即便来源是父母，也未必就能置信。

我更相信于一个人踏实的努力，以及因此获取的相应财富。

必须承认，总有些人运气特别好。过去二十多年，我也看到、听到过一些手握内部消息的人，确实有"发财"的，但我自认不具备这种幸运。

我对自己未来的规划，都出于一种"保险思维"，就是人生尽量规避风险。但我不反对有一定的"彩票思维"，就是在不影响全局的情况下，用少量的钱去碰碰运气，赚了挺好，赔了就释然。

人人都想搏一把，瞬间单车变摩托，但如果是倾尽所有，孤注一掷，就是典型的"赌徒思维"了。

你想让人生去中一个大彩，但你得先问问自己，能否承受"没中"的结果。

彩票思维和赌徒思维，最大的区别就是——彩票投入的钱，你在一开始就做好了打水漂的准备，是玩票性质；但赌徒不一样，一个赌徒即便已经输得倾家荡产，依然觉得自己下一把就会翻盘，一洗前耻。

尤其，赌徒不可能停在赢的那一刻。

三百年前，大富豪物理学家牛顿也曾用这种赌徒思维炒股。第一次他买入南海公司股票，获利七千英镑，决定就此收手，退出股市。可没过多久，他又拿出全部身家投入其中，南海泡沫破灭，牛顿破产，亏损两万英镑，输掉一生积蓄。

当时的牛顿，任职英格兰皇家造币厂厂长，他的丰厚年薪达到两千英镑，他一下子就赔掉了十年的薪水，折合成现在的人民币约四千万元。

所以，这位天才科学家留下这句名言："我能计算出天体的运行轨迹，却难以预料到人们如此疯狂。"

聪明幸运如牛顿，都不能幸免，我们普通人又当如何？

我个人是绝不允许自己出现赌徒思维的。

第三，我不想站着说话不腰疼，如果你现在改变经济状况的捷径，只有目前这一条，或许可以考虑拿出一部分，你能承受"血本无归"的一个数额，去试一试。

但是，永远不要让自己面临倾家荡产的赌徒困境。人生和财富是会有一些惊喜，这些惊喜同样是积累的结果，如果要求一个很大的惊喜，可能迎来的只会是更大的惊吓。

最后，孩子的国际学校没必要再读，家庭条件有变，孩子也需要有所了解，并不需要"过度保护和满足"。我咨询了相关经验的朋友，她也有三条建议供你参考：

1. 学好国内初中知识，打好学习基础。国际和国内初中理论知识各有利弊，没有绝对优劣。

2. 学好语言。用三年时间更好地练习听力和口语，比孩子未来一下子出国，自己慢慢去适应要好很多。

3. 用三年时间练习和提高基本生活技能，提高自律性，对他自己和作为父母的你们都有很大益处，因为日后即便出国，他也要依靠自己，除非你们能陪读，衣食住行天天能照顾到。

做到以上三点，孩子未来会感谢父母亲，还有现在这个坚强的自己。

当然，以上只是我个人的观点。

真诚地祝你早日翻盘。

你的朋友筱懿

　　我对自己未来的规划，都出于一种"保险思维"，就是人生尽量规避风险。但我不反对有一定的"彩票思维"，就是在不影响全局的情况下，用少量的钱去碰碰运气，赚了挺好，赔了就释然。

　　人人都想搏一把，瞬间单车变摩托，但如果是倾尽所有，孤注一掷，就是典型的"赌徒思维"了。

　　想让人生去中一个大彩，但得先问问自己，能否承受"没中"的结果。

　　彩票思维和赌徒思维，最大的区别就是——彩票投入的钱，你在一开始就做好了打水漂的准备，是玩票性质；但赌徒不一样，一个赌徒即便已经输得倾家荡产，依然觉得自己下一把就会翻盘，一洗前耻。

有钱花

作者 _ 李筱懿

产品经理 _ 陈曦　　装帧设计 _ 朱大锤　　产品总监 _ 岳爱华

技术编辑 _ 白咏明　　责任印制 _ 刘世乐　　出品人 _ 王誉

营销团队 _ 闫冠宇　杨喆　才丽瀚

鸣谢（排名不分先后）

王宇晴　一草

果麦

www.guomai.cn

以 微 小 的 力 量 推 动 文 明

图书在版编目（CIP）数据

有钱花 / 李筱懿著 . -- 南京 ：江苏凤凰文艺出版
社，2024. 10.（2024.11 重印）-- ISBN 978-7-5594-8950-0

Ⅰ . TS976.15-49

中国国家版本馆 CIP 数据核字第 2024C0Q775 号

有钱花

李筱懿 著

出 版 人	张在健
责任编辑	白 涵
特约编辑	陈 曦
装帧设计	朱大锤
出版发行	江苏凤凰文艺出版社
	南京市中央路 165 号，邮编：210009
网 址	http://www.jswenyi.com
印 刷	河北尚唐印刷包装有限公司
开 本	875 毫米 ×1240 毫米 1/32
印 张	8.75
字 数	168 千字
版 次	2024 年 10 月第 1 版
印 次	2024 年 11 月第 4 次印刷
印 数	67,001-70,000
书 号	ISBN 978-7-5594-8950-0
定 价	49.00 元

江苏凤凰文艺版图书凡印刷、装订错误，可向出版社调换，联系电话：025-83280257